奇妙的大自然丛书

奇妙的森林

张清华 郭 浩 著

科学普及出版社

·北 京·

《当代中国科普精品书系》序

以胡锦涛同志为总书记的党中央提出科学发展观、以人为本、建设和谐社会的治国方略，是对建设中国特色社会主义国家理论的又一创新和发展。实践这一大政方针是长期而艰巨的历史重任，其根本举措是普及教育、普及科学、提高全民的科学文化素质，这是强国富民的百年大计、千年伟业。

为深入贯彻科学发展观和《中华人民共和国科学技术普及法》、提高全民的科学文化素质，中国科普作家协会以繁荣科普创作为己任，发扬茅以升、高士其、董纯才、温济泽、叶至善等老一辈科普大师的优良传统和创作精神，团结全国科普作家和科普工作者，充分发挥人才与智力资源优势，采取科普作家与科学家相结合的途径，努力为全民创作出更多、更好、高水平、无污染的精神食粮。在中国科协领导的支持下，众多科普作家和科学家经过一年多的精心策划，确定编创《当代中国科普精品书系》。

该书系坚持原创，推陈出新，力求反映当代科学发展的最新气息，传播科学知识，提高科学素养，弘扬科学精神和倡导科学道德，具有明显的时代感和人文色彩。书系由13套丛书构成，共120余册，达2000余万字。内容涵盖自然科学的方方面面，既包括《航天》、《军事科技》、《迈向现代农业》等有关航天、航空、军事、农业等方面的高科技丛书；也有《应对自然灾害》、《紧急救援》、《再难见到的动物》等涉及自然灾害及应急办法、生态平衡及保护措施的丛书；还有《奇妙的大自然》、《山石水土文化》等有关培养读者热爱大自然的系列读本；《读古诗学科学》让你从诗情画意中感受科学的内涵和中华民族文化的博大精深；《科学乐翻天——十万个为什么（创新版）》则以轻松、幽默、赋予情趣的方式，讲述和传播科学知识，倡导科学思维、创新思维，提高少年儿童的综合素质和科学文化素养，引导少年儿童热爱科学，以科学的眼光观察世界；《孩子们脑中的问号》、《科普童话绘本馆》和《科学幻想之窗》，展示了天真活泼的少年一代对科学的渴望和对周围世界的异想天开，是启蒙科学的生动画卷；《老年人十万个怎么办》丛书以科学的思想、方法、精神、知识答疑解难，祝福老年人老有所乐、老有所为、老有所学、老有所养。

科学是奇妙的，科学是美好的，万物皆有道，科学最重要。一个人对社会的贡献的大小，很大程度上取决于对科学技术掌握及运用的程度；一个国家，一个民族的先进与落后，很大程度上取决于科学技术的发展程度。科学技术是第一生产力，这是颠扑不破的真理。哪里的科学技术被人们掌握得越广泛越深入，哪里的经济、社会就发展得快，文明程度就越高。普及和提高，学习与创新，是相辅相成的，没有广袤肥沃的土壤，没有优良的品种，哪有禾苗茁壮成长？哪能培育出参天大树？科学普及是建设创新型国家的基础，是培育创新型人才的摇篮。我希望，我们的《当代中国科普精品书系》就像一片沃土，为滋养勤劳智慧的中华民族、培育聪明奋进的青年一代提供丰富的营养。

刘嘉麒

2011年9月

写给读者朋友的话

读者朋友，举目环顾你的周围，不难发现，我们的住房、食物、燃料、纸张、药品等都来自森林。如果让我们生活在一个没有森林的世界里，那是不堪设想的。对于森林，我们知道些什么呢？那就让这本书带你走进这个奇妙的世界，了解它的神奇之处。

森林，是树木之国，也是芸芸众生动植物的和谐家园。森林是陆地生态系统的主体，是人类祖先诞生的摇篮。森林以提供良好的生态环境和众多的林产品丰富了人们的生活。时至今日，森林始终是一座为人类造福的生物宝库。

你也可能早就向往那充满神秘色彩的大森林了。那些高大挺拔的参天大树，林下的奇花异草，穿梭在林间的各种动物，是如何组成一个森林欢乐大家族的？地球上的森林为什么千姿百态？森林有哪些神奇之处？森林中的文明古国为什么会消失？森林遭到破坏后会给人类造成哪些灾难？

时至今日，森林尚有众多的秘密有待我们去探索。科学家预言，解决人类面临的能源、资源、农业、人口和环境问题也将依赖于森林。因此，人们已开始采用各种良方妙策，包括利用高新技术手段，拯救大森林，拯救我们的家园。

本书只是介绍了森林知识中的一角，如果能够为你了解森林，踏入自然科学之门起到启迪与引领作用，从而使你更加热爱森林，爱护树木，就足以告慰作者了。

参与本书编写、摄影的作者，都是林业战线上的科研人员。他们对森林、对祖国、对科学、对未来的热爱之情尽在书中，这本书应该说是群众智慧和集体劳动的结晶，在此，谨向他们表示真诚的敬意和谢忱。然而，森林就像地球上浩瀚的海洋一样十分辽阔，不可能都走遍。况且书中涉及植物、动物、地质等多种学科，难免有不妥之处，希望读者朋友给予批评指正。

张清华

2011年9月

目录

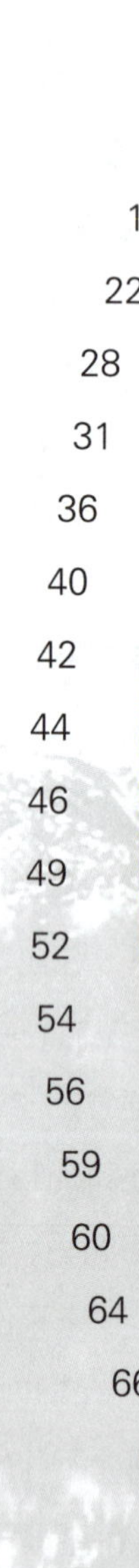

奇妙的森林

树木的聚生地

说到森林，人们就会想到那参天的大树、绿涛万顷的林海，谁也不会把房前屋后、公园庭院中的零星树木叫做“森林”。俗话说“独木不成林”，但是仅把森林看成是大树组合起来的，那还是远远不够的。森林中除集中的乔木外，还有各种灌木、花草，各种菌类、地衣和苔藓，也包括飞禽、走兽和各种低等动物。森林中的各种植物和动物之间以及它们各自的地盘之间（也叫环境），存在着非常密切的关系。它们是你离不开我，我离不开你，既有生死打斗，又有和睦相处，从而组成一个生死与共的总体——森林。

什么是树木

森林大世界包罗万象，首先让我们认识一下森林的主人——树木。森林的大当家是“乔木”，但我们可不能以高取“树”，例如竹子，可以像大树一样长到几十米高，但它不是树木，而是禾本科一种草，是谷子和甘蔗的大表兄。竹子虽有坚硬的茎，可它内部却是空心的。在墨西哥的沙漠上屹立着十多米高的仙人掌，它的茎像树干一样粗大，但它的茎与真正的树完全不同，是用来贮存水分的，所以仙人掌也不是树木。热带地区的香蕉“树”也能长到十多米高，但那貌似树干的茎是植株基部的叶柄，没有树干，也没有分枝，所以也不是树木。植物学家给树的定义是“木质的多年生”植物。这样说来，用高度识别树木并不完全正确。那些多年生的有着发达木质茎的植物，虽然矮小，但都可称其为树，不过我们称其为灌木。因此，要识别森林里的树木可不是一件容易的事。植物学家把成千上万的树木分成两大类（植物分类学家称为门）。一是裸子植物——果实的种子是裸露的，外边没有果皮包裹，叶子呈针状或条状披针型，如常见的松树。裸子植物能适应干燥寒冷的陆地环境，所以至今还是

○仙人掌

森林的主角。二是被子植物——就是能开花结果的植物，种子不是裸露的，外面都有一层或几层保护膜包围，如果肉、果皮等，常见的梨树、苹果树、杨梅树都是被子植物。被子植物的种类繁多，目前植物学家已经给起了名字的就有20多万种，在陆地上分布很广。

据测算，森林大约在距今2.7亿年的时候出现在地球上，它同其他生物一样也经历了从无到有、从低级到高级、从简单到复杂的过程。森林的出现，使生命的世界更加繁荣，它在与千变万化的外界环境作斗争的同时，也影响着所处的环境。古代森林给我们留下了丰富的地下能源——煤炭、石油，而且森林一直在进行着转化和固定太阳能的创造性劳动。

伟大的森林

许多国家把树木作为国家的象征，如加拿大把红艳艳的枫叶作为国旗的图案，罗马尼亚的国旗上是茂密的森林，圭亚那的国旗上也是绿色的树。黎巴嫩的货币上是雪松，芬兰的硬币上是冷杉，意大利的货币上是一颗油橄榄树等等。

直到如今，居住在非洲伊图里原始森林里的斑布蒂人，仍把森林看做是“最高的神灵”。在他们看来，森林给予了他们生活中的一切。

森林，给人以美的享受，给人以恬静的生活环境。森林是人类的摇篮，是大地的保护神，是物种的宝库。爱护森林、拯救森林已是全人类的呼声。

地球上的

○落叶松

我们生活的地球上70%是海洋，30%是陆地。在古老的年代里，地球陆地70%覆盖着森林，森林是陆地的主宰。近几千年来，随着人类社会的发展，扩大耕地、牧场，建城镇，索取燃料，加之战争、火灾，森林不断遭到破坏，森林面积急剧减少。目前，森林面积只占陆地面积的20%。

森林

森林的分布

在陆地上，从东到西，从南到北分布着不同的森林。由于水分和气温的影响，在不同的地区形成了独特的森林类型。森林可不是随便乱长的，从高海拔或高纬度的地区到低海拔或低纬度的地区，依次分布着寒带针叶林、针叶林、温带混交林、暖温带湿润林、热带雨林和干旱林等6种类型。世界上森林最多的国家是芬兰，有世界森林之国的称号，森林面积占全国总面积的71%，平均每人拥有5公顷。日本森林覆盖率为68%，他们认为木材可以进口，但保护环境的森林不能进口，所以每年还要进口大量的木材。我国的森林面积排在世界第五位，可是

○油松

○混交林

我国人口多，按人口平均就只能排在第一百二十位了。

○红树林

原始森林知多少

地球上的原始森林，只有20%是比较完整的，其余的都被砍伐得支离破碎。世界上最大的热带雨林——亚马孙森林由于人类砍伐遭到破坏，估计再过几十年人类也将痛失这一片美丽家园。亚洲的热带雨林都在东南亚诸国，也就是缅甸、印度尼西亚、马来西亚等国。

世界上最大的温带原始森林在加拿大卑诗省，它就是著名的大熊森林，高达80米的参天大树随处可见，不幸的是，大熊森林正在被肆意砍伐。

寒带原始森林又叫泰加林，是世界上面积最大的森林，主要分布在俄罗斯、北欧和加拿大。

由于大量森林被毁，地球已经出现了严重的生态危机。生态危机对人类的威胁，不亚于核战争。森林的破坏主要会导致全球出现六大生态危机：一是绿洲沦为荒漠；二是水土大量流失；三是土壤干旱缺水严重；四是洪涝灾害频繁；五是物种灭绝；六是温室效应加剧。

森林称得上陆地生态系统的“擎天柱”和“地球上万类生灵的保护伞”。当你读完这本书后，你就会明白：森林是人类生存大地的保护神！

森林覆盖率

森林覆盖率是一个国家或地区的森林面积占土地总面积的百分比。即：

$$森林覆盖率（\%）= \frac{森林面积}{土地总面积} \times 100$$

忙碌而多彩的世界

森林的结构

走进森林，站着不动的各种树木，奔走高飞的不同禽兽，气象万千的天气变化，构成了一幅极为生动而又奇特的图画。各个成员之间存在着微妙的复杂关系，有的能和平共处，有的却勾心斗角，相互残杀。树木之间为争夺阳光、水分及养料而竞争不休，结果是森林处在一种相互制约、相互依赖的“动态平衡”之中。高大的乔木夺取了高空，灌木只好跻身于下方，耐阴的草本植物正好大树底下好乘凉，而那些苔藓、地衣之类的“小人物”没有资本参与竞争，它们依靠地表生活得悠然自得。还有一些植物自动联合起来，共同生活。藤本植物则借助其他有主干的植物向上攀登，追求光明。还有一些植物就干脆过寄生的剥削生活。在森林社会中，植物自然地分成了不同的“社会阶层”——乔木层、灌木层、草本层和活地被层。那些共生、攀缘、寄生植物没有确定的社会地位，称为“层间植物”。树木之间除了在空间上的“明争”之外，还存在着“暗斗”。最紧张忙碌的莫过于你看不见的“根”了，就像每片叶子竞争阳光向上生长一样，根为了吸收土壤中的养分和水分拼命向下生长，树木的根系至少同树冠一样大，其深度也超过树冠的高度。树木的根通过破碎、分化岩石表面才促进了土壤的形成，所以说树木——森林也在征服大地。

○树林中植物的分层使每种植物都能够获取到它所需的物质

○藤本植物

○菌类

○鸟巢

成分复杂的大家族

与森林中的植物相依为命的是那些到处跑的动物，地球上的动物有一半以林为家，无论土壤中、地面上，还是林下灌丛中都有动物居住；林木的茎叶、枝干，甚至树皮上都有动物的足迹。居住在土壤中的有各种蠕虫、线虫、有翅和无翅昆虫、蚯蚓、蜗牛以及穴居土壤中的小型哺乳动物，是土壤的耕耘者，它们分解林中枯枝落叶使其变为腐殖质，使土壤透水透气，有利于树木生根。据科学家研究成果，面积为1公顷的森林里约有2万～5万条蚯蚓，终年默默翻耕着土壤，其作用不可低估。据我国科学家测定，每年由蚯蚓分解制造的氮素每公顷林地约有75～128千克，而农耕地只有22～30千克。难怪大森林中的树木从来不施肥却长得如此繁茂，原来是森林动物的功劳。

花儿为什么这样鲜

森林中的树木开花结果离不开“媒人”为它们传播花粉。森林中的各种昆虫——蜜蜂、甲虫、蝴蝶以及鸟类就是整天为树木奔忙的“红娘”。据观察，一窝蜂一天能采集25万朵花，酿制1磅（0.454千克）花蜜所飞的距离可绕赤道一周。非洲有一种猴面包树，是靠一种小型猴子来传粉的。森林树木结了种子，靠什么繁衍子孙呢？动物起着很大作用，动

○蜂与巢

物传播种子的途径一是嘴叼；二是吃后排出来；三是具有钩刺的种子粘在动物身上“免费运输”。当然植物本身也积极“配合”动物为自己传播后代，有的以花枝招展来吸引蜂蝶类，有的发出诱人的香味为自己做广告，招来林中动物吞食，然后排出体外进行播种。甚至生长在热带河流里的鱼类，也能以多种沿河生长的树木种子为食，使这些种子得到传播。

森林也会生病，招来害虫、兽类的危害。不过不必担心，森林有许多卫士——食虫的鸟兽能消灭有害昆虫，抑制虫害大发生。大山雀一昼夜能吃掉相当于本身重量的昆虫，一对啄木鸟能保护30公顷林地安全，猛禽和食肉兽能消灭大量鼠类。

森林是一个和谐的社会，奥妙无穷。美国科学家发现：树木之间可以通过菌根真菌建立“同盟关系”。如果两树之根直接相接触，就会发生营养争夺战。如果有菌根真菌参与调停，就会平息两树根的争夺，使两树结成同盟从而使整个森林得以形成一个大的群体。

陆地上最大的生态系统

森林生态系统

什么叫生态系统呢？首先让我们来看看森林、草原的一个生态“家族”吧！树木、青草是依靠阳光、空气和水的光合作用以及土壤中的营养物质维持其生长和发育的。羚羊、野兔、野牛、老鼠等，是以青草、树叶为食；而虎、狼等食肉动物又以食草的羚羊、野兔等为食，人类又在捕获食肉动物。蚜虫食小麦，瓢虫食蚜虫，山雀食瓢虫，老鹰食山雀等等，像“草——食草动物——食肉动物”这种生物群落中各种动植物和微生物之间由食物关系所形成的一种联系叫“食物链”。由食物链连接起来的、相互依存的各种生物以及他们赖以生存的环境，共同构成了一个系统——“生态系统”。

○生物链

我们人类生活的地球表面是一个巨大的生态系统，我们叫它生物圈，是地球上所有生命共同的“住所”。 在这个万物生长的生物圈内，存在着许许多多、大大小小的生态系统。从大的范围来看，地球表面可分为海洋生态系统和陆地生态系统两大类型。陆地生态系统中又可分为森林、草原、灌丛、荒漠、农田等多种生态系统。其中森林是地球上最大的生态系统，地球上植物的生物量（即生物的总重量）占总生物量的99%，而森林生态系统的总生物量占植物总生物量的90%以上。如果把森林的叶子连成一片，总叶面积几乎是地球表面积的3倍。

森林生态系统的功能

分布于世界各地的森林生态系统对维护陆地生态平衡起着重要作用。这是因为森林生态系统高大、长寿、稳定，能够明显地影响周围地区的小气候。专家把森林比作陆地生态系统的“擎天柱”，认为森林是生物圈的“肺”。现在人类遇到的生态危机都与森林有关：温室效应、水土流失、荒漠化、洪水灾害等等。

森林是最丰富的物种基因库，当代科学家认为：物种灭绝给人类带来的威胁，将和核战争一样可怕。如今，全世界估计约有500万～1000万种生物，而人类只是其中的一个物种。目前人类现在叫得出名字的物种，不过100万～150万种。其中大部分，尤其是热带雨林中的物种还未研究清楚。半数以上的物种都栖息在森林生态系统之中。据联合国环境规划署估计，到2135年世界将有一半物种灭绝。到那个时候，现在地球上形成的生态平衡，就会遭到完全破坏，其后果不堪设想。

○地球生物圈

森林生态系统是物种宝库

○虎

○红豆杉

我们的生活与森林动植物息息相关。现在已有记载的动植物约有35万种，而人类几千年来利用的仅有3000种（我国的中药占了很大一部分），栽培作物只有175种，其中16种提供了人类2/3的粮食。这些栽培品种如果遇到病虫害，失去抗性，这时就要寻找野生植物进行杂交，培育新品种。如美国最主要的作物玉米1970年发生了疫病，减产80%。后来在墨西哥找到了一种多年生野生玉米，经过杂交，育成了抗病品种才挽救了美国的玉米生产。如果野生动植物都灭绝了，我们到哪里去找这些基因育种呢？

大自然给了我们一切，我们给了大自然什么？“地球能满足每一个人的需要，但不能满足每一个人的贪欲”。失去一个物种，就会失去许多基因，失去一座森林就会失去许多物种。

治疗癌症、艾滋病等疑难病症寄希望于森林中的野生动植物。然而不幸的是目前地球上的生物特别是热带雨林正以惊人的速度减少，人类正在大肆挥霍这笔“保险”。现在是恐龙灭绝以来物种消失最快的年代。

保护我们的森林，留下生物这笔财富，才能更有效保护我们赖以生存的地球！

森林——人类的摇篮

古猿人

森林——人类的母亲

森林是人类的摇篮，是我们所有现代人共同的故乡。

人类是从生活在树上的古猿进化而来的。经过几千万年树上生活的磨炼，他们的前肢得以从爬行中解放出来，从而使前肢转变为人手。由于后肢经常独立地支撑身体，逐渐转化为人的腿。而没有经过树上攀缘的动物，前后肢都用于爬行，所以就没有进一步进化。猿类生活在树上，站得高，看得远，头部可以灵活转动，再通过上下左右的攀缘伸展，促进大脑、胸腔以及全身的发育。而地面生活的爬行动物，头脑低垂，两眼向下，胸腔狭窄，不能直立行走。人类从爬行动物到昂首挺胸步入人类，都与森林结有不解之缘，所以把森林比作人类的母亲一点也不过分。

北京猿人

○人类的产生

森林——人类的最早家园

森林为原始人提供了衣食住行，在我国古代传说中就有“筑木为巢”的神话故事。在遮天蔽日的原始森林中，为了在艰险的环境中求得生存，只有树上才是最安全的。而且森林是原始人类最充裕的“食物宝库”，野果、树籽、野生动物都是早期人类的主要食物，对人类体质的发展起了巨大作用。原始人类的衣服，最早可能就是用树叶直接或加工后制成的。居住在非洲热带雨林中的俾格米人至今仍用榕树叶加工制成一种独特的衣物，由此可以推断森林是原始人类最早的衣着之源。

森林与火种

火的使用是人类最终脱离动物界的标志。远古的先祖们遭受过无数次林火之灾，偶然发现被火烧烤过的兽肉更有滋味，而且火能给黑夜带来光明，给寒冬带来温暖，于是尝试着利用山林火灾后的余火，保存火种。一次又一次的森林火灾终于启发了先祖们。人类从利用自然火到人工取火是文明史上又一次伟大的飞跃，我国古代就有燧人氏钻木取火的传说。我国的黎族直到20世纪40年代还在使用这种钻木取火的方法。古希腊曾有普罗米修斯将火种从天上偷给人间的传说，其实将火种从天上带给人间的不是神仙而是森林。当人们能自由地保留火种、制造火种时，便有意识地用焚烧森林的办法狩猎。熊熊的林火给先祖们带来了丰盛的肉食和极大的欢乐，也给森林带来了极大的灾难。

○毛竹与竹笋

○钻木取火

文明的奶娘

劳动是人与动物的本质区别之一，早期原始人类的主要工具可能是木棒，最早的交通工具是用原木制成的。森林对于人类可谓劳苦功高。

大约在1000万年前人类开始有意识地进行谷物栽培，为扩展农业用地就必须毁伐森林，放火烧荒成为人类对付森林的有力手段。当时人口稀少，烧毁森林后种上1～2年就迁移，森林恢复后再烧垦种植。再往后，人口大增，森林逐渐成了永久的耕地。同样，工业文明也是以牺牲森林为代价发展起来的。

森林对于文化的发展更有直接的影响。古人从鸟类巢居树木中得到启发，也开始筑木为巢。最初的住室大都是圆形茅草房（古房屋），这种住室就是大树的缩影。最初大量用来书写文字的材料是木简、竹简，后来也证明木材是最好的造纸原料。森林树木深刻影响着人类文明与人类历史的发展。

总之，森林树木是人类的摇篮。人类的繁衍进化直到今天的生产、生活都离不开森林和森林提供的产品，可以说森林与人类息息相关，是“绿色的母亲”。

○森林大火

万物生灵保护伞

假如没有森林

生态学家们曾作过这样一个假设：假使将地球上的森林砍光后会出现什么情况呢？求解出的结果是：陆地生物产量减少90%，450万个生命物种灭绝，生活用炭减少70%，生物放氧量减少67%，地球升温，南极冰川融化，海平面升高，气流没有森林阻断而出现滚动效应，地球上1/4地区的风速增加60%。太阳辐射因无森林吸收缓解而更热，沃土荒漠化，洪水泛滥，空气含毒量与日俱增，万物生灵将迅速减少……这是一个多么可怕的景象啊！虽然只是一个假设，但也是建立在有根据基础上的。因此看出，森林植被是整个地球上生态平衡的基

○荒漠化

○沙漠

○南极冰川融化

石，地球大环境崩溃，人类就不能生存。可以说，没有森林，陆地上的万种生灵就无法生存。

森林是绿色大地的空调器

森林可储存大量水分，在炎热的夏季水分汽化后进入空气，增加了空气湿度。树冠像一个巨大的天幕屏蔽着整个林地，使林内空气不易流动，林外阳光不易射入。而树冠表面温度较高，空气流动也快，不断地把森林的热量散发到高空中去，这与家用空调是一个原理。一株大树就是一台小空调，所以炎热的夏季站在树下感到凉爽。

森林是天然制氧机

人和动物，呼出二氧化碳，吸进氧气。而森林植物在光合作用下吸进二氧化碳，放出氧气，恰恰与人和动物呼吸相反。当然，森林植被也要进行呼吸，在夜间也是吸进氧气，呼出二氧化碳。但是森林在生长过程中，放出的氧气要比吸进的氧气多很多倍，所以地球上60%的氧气来自陆地的森林植被。当空气中二氧化碳的浓度达到8%左右，将会引起动物死亡。森林是地球上二氧化碳的主要消耗者，能有效地调节空气的成分。

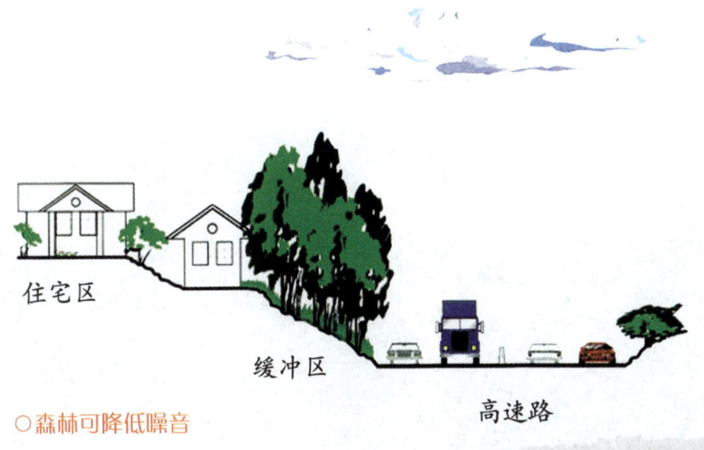

○森林可降低噪音

森林是有毒气体的吸附器

石油废气中的二氧化硫如果在空气中的浓度超过万分之四，人或动物就会死亡。一公顷柳杉林一年可吸收空气中的二氧化硫720千克。大气中除有害气体外，还有大量的烟灰和粉尘。这些飘浮在空气中的微粒及附着其上的病原菌，污染空气，能使人致病。森林茂密的叶片对烟灰、粉尘有明显的阻挡、过滤和吸附作用。当带有粉尘的气流经过森林时，由于茂密的枝叶减低了风速，空气中的大部分灰尘会降落到地面，使空气不断得到净化。由于细菌、真菌等微生物不能在空气中单独存在和传播，它们必须依靠人体、动物的活动或附着在尘土上进行传播。森林减少了空气中的灰尘，从而也减少了空气中细菌、真菌、病毒等微生物的数量。同时许多植物能分泌杀菌素，可把空气中和附着在叶片上的细菌、真菌或病毒杀死。据估计，全球森林每年能散发1.75亿吨杀菌素。据法国科学家的研究成果，百货商店内空气的含菌量为每立方米400万个，林荫道为52万个，而大森林只有55个。除此以外，森林还可以阻隔放射性物质和辐射的传播，起到过滤吸收作用，而且还有降低噪音的作用。

森林不仅向人类提供直接价值，而且提供光合作用、生态效益。失去森林的依托，人类的生存环境将一片混沌。

水的故乡

巨大的绿色海洋

伞的外形和树的外形几乎完全一样，树冠是伞面，树枝是伞骨，树干是伞柄。因此也可以说，伞的祖先就是生物伞——树。当雨水落到树冠上时，它可以截留总降雨量的20%。除很小一部分用来湿润枝叶外，大部分直接蒸发返回空气中。还有很小一部分沿着树干流入树根周围的土壤中。透过树冠的那部分降雨到达树下枯枝落叶层，除了被枯枝落叶层吸收和蒸发外，剩余的降雨，一部分沿着土壤表面流走，另一部分渗入土壤中。森林中的枯枝落叶，就像一块巨大的海绵，将水保存起来。更重要的是，枯枝落叶腐烂后，变成土壤，使土壤变得疏松，具有许多孔隙和裂缝，可吸收更多雨水。另外，森林中的蚯蚓、蠕虫、鼠类在土壤中挖掘了许多孔道。这些孔道，既是水的贮存库，也是水往土壤深处流动的通道。森林土壤中的孔隙如同“八卦阵”，当水流到达土壤深处时，一部分水沿着岩层横向移动到低处，再慢慢流出来，流到小溪、水库或河川，这也是林区内溪水长流的主要原因。另一部分水渗到深处成为地下水。也许你体验过暴雨中柏油马路的流水，这情景与森林中完全不同。

○森林

森林像一个巨大的绿色海洋，林冠层不断向森林上空蒸腾大量水汽，水汽凝结，可形成降水。据科学家研究成果，有了森林，一般可增加年降水量1%～25%。1万公顷森林所含蓄的水量，相当于一个容量为300万立方米的水库。夏日的清晨，你到茂密的林中走上一圈，你的衣服就会湿透。如果温度很低，枝条上就会结成雾凇。我国吉林省吉林市是雾凇最壮观的地区，满树银花，成为冬季特有的森林景观。

天然水库

人们常把森林比喻为“看不见的水库”，“雨多它能吞，雨少它能吐”。对于水库来说，没有比泥沙淤积更可怕的了。有森林和无森林，土壤流失的差别大约为1∶100。所以，水库周围的森林——水源涵养林，是水利工程能否长久发挥作用的保障。人们不会忘记，1975年8月河南省那个悲惨的暴雨深夜，板桥水库和石漫滩水库大坝突然崩塌，洪水吞没了几万人的生命。而相距不远的薄山水库、东风水库却安然无恙。究其原因，大坝崩溃的两个水库上游森林覆盖率仅为2%，库底每年

○森林瀑布

淤积泥沙厚度达30厘米。而安然无恙的薄山、东风水库森林覆盖率均在90%以上，库水长清，库底每年淤积泥沙厚度仅为1.5厘米。

○森林溪流

世界上因破坏森林而造成的干旱灾害更是触目惊心。1984年举世震惊的特大干旱袭击了非洲大陆，夺走了几百万人的生命。其原因在于森林植被减少，不能涵养水源，导致干旱。以重灾区的埃塞俄比亚为例，20世纪初，它的森林覆盖率为40%，1984年还不到4%。

森林对流入河流、湖泊、水库的水有着良好的净化作用。林下枯枝落叶层好似过滤器，能把水中有毒物质过滤掉。目前世界上水污染已严重威胁到人类的生命和健康。日本富山县因饮用和灌溉镉污染的水，造成了一种骇人听闻的骨痛病。为消除水污染危害，需要安装造价很高的清洁设备，耗费大量资金。而增加森林面积就是建设天然的净化器，而且是造价低廉、没有维修成本的水资源净化器。

○水源涵养林

药用植物的宝库

灵丹妙药的宝库

○金鸡纳树

森林是一座巨大的医药宝库，许多灵丹妙药都来自森林动植物。产自树木的最著名的药物要数奎宁了，这种从金鸡纳树中提取的治疗疟疾的药物有一段曲折的故事。金鸡纳树的故乡在南美洲，1638年当时秘鲁的总督伯爵夫人患了疟疾，由她的一名侍女用金鸡纳树皮治好了病。1640年伯爵夫人病愈回国时，把树皮带回了西班牙，替宫廷侍者们治病，大家把金鸡纳树皮粉称为“夫人粉”，很快名扬海内外。可是金鸡纳树被发现200年后，野生的树木被砍伐殆尽，于是荷兰和英国分别派遣大队人马到亚马孙林区采集金鸡纳种子。他们在热带雨林中艰苦搜索，历尽艰险，将收集到的种子培育出2000株苗木，从此在爪哇兴起了金鸡纳种植业，提取的药物也使成千上万人免于遭受疟疾的折磨。

○灵芝

○人参

我国早在公元前1～5世纪的著作《神农本草经》中介绍了药用植物239种。到明代李时珍的《本草纲目》中已发展至1186种。我国历代利用药用植物方面有其独特的见解，形成了我国民族医药学的特色。埃及也是利用药用植物最早的国家。由于有机化学在19世纪有了很快的发展，人们对药用植物的化学结构有了更多的了解，因此有人提出，植物药材已经不时兴了。其实，这话说得过早。近二三十年人们又从植物中找到了降血压、避孕、抑制肿瘤等一系列的“奇迹药”，使药物学家重新掀起了到大森林里去寻找灵丹

○中药

○银杏

妙药的风潮。全世界的药物中，来自野生动植物的药物占全部药物的40%。罂粟是原产于小亚细亚的一种草本植物，它的果实被割后渗出白色乳液可制成鸦片，本是一种功能很强的镇静剂、麻醉剂和镇痛剂，但有些人加以滥用，吸食成瘾，成为毒品，致人死于非命。

未来医学的希望

热带雨林中大约深藏有上千种有用植物。住在南美洲亚马孙河谷地的印第安人有200多个种族。每一个种族的人对箭毒、麻醉及产生幻觉的药用植物有独到的应用经验。印度医生使用约2000种药物中，约有75%来自植物。发达国家为寻求治疗癌症、艾滋病等拯救人类性命的新药，在屡经实验室失败后，决心深入亚洲、非洲和拉丁美洲等热带雨林中，去探访当地的原住民，取得秘方和生物基因样本来研制新药。科学家们曾在印度找到22种森林植物，经提取可治疗高血压、风湿痛等病症。在印度东部海岸的原住民，长久以来一直用当地的一种植物治疗一种致命的疟疾。印度南部有一种植物是用来解除眼镜蛇毒的秘方。全球26.5万种开花植物中，只有约1%被证实有药效，尚有大量的药用植物和动物仍是未知数。科学家们预言，攻克癌症、艾滋病的药物，都要依赖森林植物。可以相信，随着科学研究的不断深入，人类对森林与癌症、艾滋病认识的深化，森林也将在人类最终战胜癌症、艾滋病等疾病斗争中起到更大的作用。

○枣树

巧妙的化学工厂

森林树木是自然界中巧妙的化学工厂，人们熟知的桐油、油漆、油脂、染料、香料、药物等等都是由树木生产出来的。香料更是自古以来受到人们的喜爱和追求。早在公元前266年，我国宫廷里的官吏在向帝王启奏之前，嘴里要含丁香。古埃及人算得上是应用香料植物的鼻祖，贵夫人们沐浴后要用香油、香料在身上涂抹。埃及人在尸体中塞满了中药、桂皮和其他芳香物质，制成千年都不腐烂的木乃伊。

利用树木及其副产品为主要原料进行化学加工，可制造出数以万计的产品。如从木材纤维得到纸浆、纸、纸板等等；木材经水解提取糖、酒精、酵母等等；木材经热解制成木炭、活性炭、煤气等等；以森林副产品为原料可加工成松香、橡胶、生漆、紫胶、白蜡、油脂、芳香油、药物、色素等等。首先说一说我国特产——生漆。生漆是从漆树上采割下来的，漆膜光亮如镜，坚固耐用，还有耐酸、耐碱、耐热的优点，故有“涂料之王”的

美称，广泛用于轻工业、国防、化工、石油、造船、纺织、农业等各个行业。

人类利用森林是从原始的燃料、建材到机械加工、制板、家具，最后到化学处理（造纸、水解和热解）。特别是制浆造纸轻工产品和林化产品，为人们提供了衣食住行各方面生活用品和文化用品。森林中的灌木及树木砍伐加工后剩余物可加工成纸浆，制造成各式各样的纸张和纸板以及饭盒、快餐杯、餐巾等等。还可用溶解浆生产胶粘纤维，用来制造人造毛、人造棉供人们纺线织布。

○报纸离不开木材纤维

○精美的家具离不开树木

松香被誉为来自森林的“黄金”。松香主要取自松树，经化学处理便得到了两种主要产品——松香和松节油。仅这两种产品就可用于400多个产品加工中，用于造纸业可使纸张光滑、坚韧；用于电缆可起绝缘作用。

○光滑、坚韧的纸张离不开松香

随着科学技术的发展和生产水平的提高，森林作为化工原料的主要来源，其产品会越来越多，也会极大地满足人类生活的需要，因此森林也会发挥越来越大的作用。

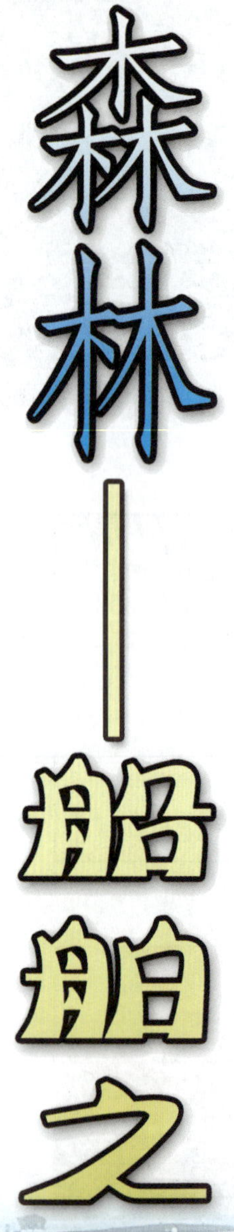

森林与航海

○明代船

○宋代船

人类最早的渡河工具可能就是木舟了，发展到今天，木排、帆船、舢板、龙舟、橹船、战舰、轮船等多种类型应有尽有，无不都是用森林的木材制造。我们生活的地球可谓“水球”，陆地仅占1/4，汹涌澎湃的海洋，碧波荡漾的湖泊，蜿蜒崎岖的河流，正是有了船，人类才如虎添翼。哥伦布发现新大陆、郑和七下西洋，是举世闻名的航海壮举，都有森林的功劳。千百年来，走出大森林的船只，为科学探险、贸易、友好往来、生产发展，作出了不可估量的贡献。但与此同时，森林也是战争的牺牲品，诸葛亮火烧战船，是载入史册的光辉战例，但也是毁灭森林的范例。公元16世纪后，西方海军力量的发展，就是以消耗大量森林为代价的。当时首次出现了专为海上作战而制造的木质战舰，这种战舰一直使用到19世纪中叶。制造这种庞大的木质战舰，需要耗费数量惊人的木材。英国海军的一艘名为“女战神号”战舰共耗费了20公顷栎林。当时，能否保证木材供应以满足造舰需要，一度成为一个国家能否获得海上霸权的重要条件。敌对国家甚至把破坏对方森林资源作为获得战争胜利的手段。1588年西班牙远征讨伐英国，组建了130艘舰队，即是历史上有名的“无敌舰队”。不过西班牙并没有获得胜利，击败了“无敌舰队”后的英国便成了海上

○游轮

○帆船

○战舰

○船模型

一霸，开始向外掠夺造船所需的木材。多年的海军建设，使英国船舶制造业成为最古老的工业之一。

造船工艺对所用木材有特殊的要求。如军舰上的龙骨、舷侧板以及高大的桅杆，都要求上等的木材。为了获得造舰木材，于是出现了激烈的木材贸易竞争，甚至武力干涉。导致西方国家急剧地砍伐了本国及邻国的森林，到头来自食其果。至今英国的森林覆盖率还不足8%。黎巴嫩雪松是造船的上等木料，曾深得造船业的青睐。由于过度采伐，现在也很难看到成片的雪松林了。

木材中的硬汉

今天，虽说万吨巨轮、航空母舰不再完全依赖森林了，但是现代的海轮和军舰仍然离不开木材。因为木材还有特殊作用，例如号称“绿林硬汉”的四铁木——蚬木、金丝李、格木、万年木和“不锈钢铁”——版纳黑檀、海南紫荆木、蝴蝶树等都是造船的巨木良材，刀斧难入，虫蛀无损，水湿不腐，至今没有其他材料与之匹敌。虽然今天已有了橡皮船、金属船、水泥船、玻璃钢船、塑料船等等，但是在内陆船运、近海捕捞、湖上游览、水上运动等活动中，木船还是占有重要位置。

国防的天然堡垒

侵略者的坟墓

○国防林

众所周知，森林是最好的隐蔽场所，可使敌人失去进攻目标。即使在现代战争中，森林对军事行动的影响也很大，在茂密的森林中，先进的光学侦察仪器、雷达及红外探测仪也难以正常发挥作用。森林对原子弹产生的冲击波、光辐射及放射性污染都有一定的过滤和吸收作用。人造卫星和装备优良的侦察机，也很难准确判断出隐藏在密林深处的目标。对人民来说，森林是现代化战争的防御阵地、生活基地和后勤供应宝库。而对敌人来说，它是埋葬侵略者的坟墓。抗日战争时期300名日军冻死在老爷岭的往事，虽已过去了70多年，至今听起来仍大快人心。老爷岭位于黑龙江省宁安县，方圆数百里，茂密而高大的红松林遮天蔽日。1933年严冬降临的时候，一天下午抗日联军在老爷岭伏击了日军运送棉衣的两辆卡车，将棉衣运到了森林中的秘密营地。当日军知道运送棉衣的军车被伏击后，立即派7辆卡车载着300多名日军前来讨伐。这时抗日联军的大部队已经迅速消失在大森林中，只留下了三名机警的战士阻击日军。这三名战士边打边撤，一路引诱日军向老爷岭深处走去。三名战士在森林中如鱼得水，很快就把日军搞得晕头转向。后来日军见到有一条路伸向林中深处，追来追去就进入了原始森林，迷失了方向。夜幕降临，气温急剧下降，这些日军再也没有能够从森林里出来。第二年夏天，抗日联军又转战到林海深处，才发现300多名日军早已横尸林海。

兵败泰加林

苏联军队兵败泰加林的往事更是以林取胜的精彩战例。那是1939年11月30日，苏联百万大军入侵芬兰。芬兰军队

○针叶林

○针阔混交林

巧妙地利用森林战使苏联两个师全军覆没在泰加林中。芬兰国土的70%覆盖着森林，主要森林类型是泰加林。泰加林是由冷杉、云杉和落叶松等组成的大面积针叶林。林冠稠密，林内阴暗。芬兰人对森林十分熟悉，个个都是森林中寻找道路和滑雪的能手。来自苏联南方的军队从来没有见过这样的大森林，不敢轻举妄动，只有被动挨打，最终丢下5000多具尸体而溃败。芬兰军队尽可能利用森林和冰雪，大炮隐蔽在森林深处，工事都盖上了树枝，苏军难以从空中发现他们。摩托化车辆只能沿着唯一的一条穿过泰加林的狭窄土路运动，发挥不了多大作用。芬兰官兵则身穿白色伪装服，利用滑雪板，以树木作掩护在近距离内向苏军发动袭击，最终把装备精良的苏联摩托化部队全部歼灭。

兵败野人山

抗日战争时期我国抗日远征军抛骨野人山的惨痛教训，至今让人不寒而栗。为了防止日本侵略者切断滇缅这条中国当时唯一的陆地国际交通运输线，中国先后派出20万军队远征缅甸。由于不熟悉热带丛林的特点，在森林中死亡的官兵比死在敌人枪口下的还多。1942年，远征军进入了野人山的原始森林，只见森林里古树参天，不见天日。先头部队手提长刀，披荆斩棘，但却遇到了比毒蛇、猛兽更厉害的敌人——毒虫。毒虫爬进官兵的衣服和袜子，造成官兵中毒而死，使远征军遭到了巨大损失。

由以上战例可以看出，茂密的森林能形成天然屏障，不仅可以防止和阻挠敌人进攻，而且还可起到伪装、防护和指示的作用。因此说森林是国防的天然屏障绝不为过。

○国防林纪念碑

地球上最大的碳库

谁给地球装上了“玻璃顶棚”

植物生长要吸入二氧化碳，呼出氧气，因此，二氧化碳对于森林植被非常重要。但任何事情都有一定限度，多了就会起反作用。地球周围大气中越来越多的二氧化碳能使地球保持温度，就像温室的玻璃能使温室保温一样，这种现象叫“温室效应”。那么，大量的二氧化碳又是哪来的呢？近一个世纪以来，人类开始大量使用石油、煤炭、天然气以及砍伐和焚烧森林，使大量气体，如二氧化碳、甲烷、一氧化碳等排放到大气层中。据美国环境委员会测算，大气中包围地球的二氧化碳已达360兆吨。正是这些气体给地球大气层装上了“玻璃顶棚”，使来自太阳的热量透过大气层辐射到地球上，而地球上的热量却不能散发出去，使空气温度逐渐升高。科学家对未来的气候做出了预测，到21世纪中期，大气层中的二氧化碳含量将会增加一倍。由此引起的气温上升，年平均气温可能比现在高1.5～4.5摄氏度，将会造成南北极冰雪融化，海平面将上升20～140厘米，寒带森林将会消失40%，还会打乱热带森林地区的降雨量，森林中的动物因找不到食物而大量死亡，迁徙性强的动物只好背井离乡另寻生路，整个森林生态系统都将受到严重威胁。

○山杨林

森林是二氧化碳的回收站

近些年来，科学家们一直在探求新的技术去掉大气层中的“玻璃顶棚”，如捕获空气中的二氧化碳，然后贮存在地下或海洋中，或者是在空中布设反射镜挡住一些阳光，或在辽阔的海洋中培植浮游生物进行光合作用以吸收二氧化碳。比较起来，吸收大气中二氧化碳最有效和最廉价的途径是种植树木和保护森林。树木能吸收二氧化碳，贮存在木材中，是二氧化碳回收站。据科学家研究成果，1公顷森林每年吸收二氧化碳11～30吨，放出氧气8～23吨，而且速生树种比一般树种吸收二氧化碳能力要高出5～7倍。森林比相同面积农作物贮存碳量高出20～100倍。如果全世界1/4的农田改种木本植物，就可以控制大气层中二氧化碳浓度的升高，而且经济效益远比农作物高。

○碳循环

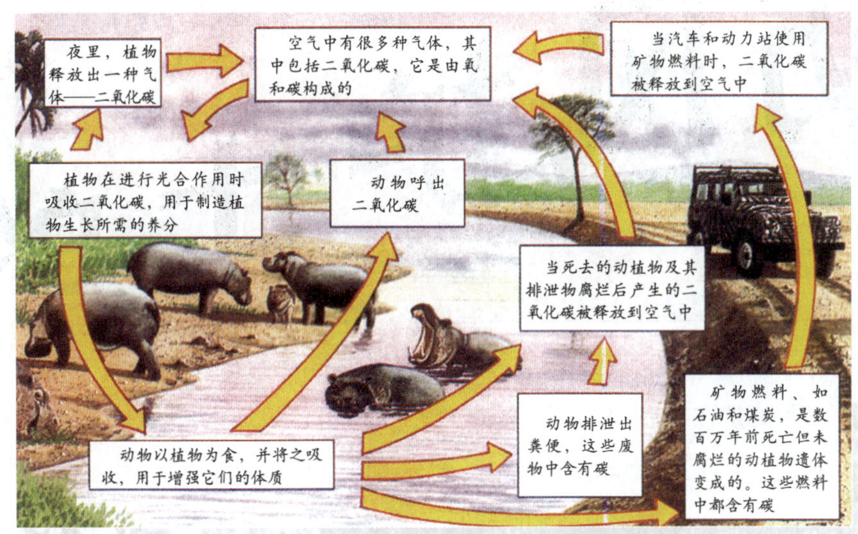
夜里，植物释放出一种气体——二氧化碳
空气中有很多种气体，其中包括二氧化碳，它是由氧和碳构成的
当汽车和动力站使用矿物燃料时，二氧化碳被释放到空气中
植物在进行光合作用时吸收二氧化碳，用于制造植物生长所需的养分
动物呼出二氧化碳
当死去的动植物及其排泄物腐烂后产生的二氧化碳被释放到空气中
动物以植物为食，并将之吸收，用于增强它们的体质
动物排泄出粪便，这些废物中含有碳
矿物燃料、如石油和煤炭，是数百万年前死亡但未腐烂的动植物遗体变成的。这些燃料中都含有碳

防风护土的卫士

大风引起的沙暴、尘暴，可毁掉良田，埋没房屋，摧毁建筑物，造成巨大损失。我国北部经常遭受风沙之害，尤其是在冬春草木凋零季节，沙仗风势，风助沙虐，大风把肥沃的表土吹到天空，降落下来填塞河床、渠道，阻碍交通。目前，虽然还不能找到有效办法控制狂风危害，但森林的防风作用人们已有了深刻的认识。

能够阻碍空气流动的有大山、森林和大型建筑物，但最主要的还是森林，特别是在平原、沙漠和海滨地区，森林成为风力难以突破的“挡风墙”。森林挡风，不像山脉和建筑物那样“死顶硬碰”，它软硬兼施，同狂风进行周旋。一条防风林带，如果它的走向同大风吹来的方向垂直，那么当风接近林带的时候，一小部分气流钻进林带，树木的枝叶便随风摆动。这个摆动就是把钻进树林的风魔打下去。那些挤不进树林的气流，只有向上，从林带顶部绕过。经过这一番折腾，大的旋流变成了许多小旋涡，又消耗了一部分力量。另外，穿过林带的一部分风力又与绕过林带的气流混合，互相发生摩擦，再一次耗掉一部分力量。经过这三次的消耗，风魔继续前进的力量已大大减弱了。越过林带以后的气流，只能在离地面几十米或几米的高空中翻滚、呼啸，只有小部

○侵蚀状况

○水土流失

分气流下降到地面损害农作物。在距离林带几百米以外，大股风力才下降到地面。因此，在距离林带几百米以内，接近地面3～5米的空气层，风力就很弱了。

○三北防护林

如果每隔一定的距离，就营造一条防风林带，大股风就没有下降的机会，只能沿着林带顶部按水平方向移动。在土壤表面1米以上，风速每小时21千米称作“临界风速”，低于此风速，土壤就不会移动。林带降低风力的结果，不仅消除了一些严重的风灾，而且大大地改善了农业环境，减少了土壤侵蚀，提高了农作物产量和质量。防护林能够保护农作物的花和果实不受风害，还可调节气温，增加相对湿度，减少蒸发。我国在平原、草原、沙漠、湖泊和沿海地区已经营造了大量的防护林，初步形成了一个以防风为主的防护林体系。这些防护林，在减少风灾，发展农、牧、渔业方面发挥了显著的作用。

地球表面的土层来之不易，一寸土壤层的形成，在不同条件下，少则几百年，多则几万年。森林在土壤形成过程中有着卓越的功绩，同样在保护土壤的过程中也起着重要作用。

今天许多荒漠化地区，在历史上都是林茂水丰的地方，甚至是人类文明的发源地。如印度和巴基斯坦的塔尔大沙漠、北非沙漠，都是森林严重破坏后形成的。这些也从反面证明了森林能防止土地荒漠化。

未来能源宝库

未来能源的希望

当今世界消耗的主要能源——煤、石油、天然气都是不可再生的能源。大自然生成这些能源用了几十亿年，而人类只需300年就会把它们消耗掉，因此矿物能源终有一天会用完耗尽。正当人们对能源前景感到暗淡和忧虑时，科学家们发现了新的再生能源——“石油植物”。“石油植物”系指可直接生产工业用“燃料油”或经发酵加工可生产“燃料油”的一些植物。

石油树

美国科学家艾迪逊在研究橡胶树的时候，发现某些木本植物液汁成分与石

○天然气

○石油

油相似，从它们的树干、树枝、树皮、树叶和果实中能流出可以燃烧的胶状物。当出现“石油危机”时，科学家们试图大量栽培这种“石油树”，采集它们的液汁，就像在橡胶园里割胶那样，用这种可以不断再生的“生物石油”代替不能再生的矿物石油。美国加利福尼亚大学的卡尔文教授从世界各地搜集来3000多种植物。经过几年筛选，选出12种含有类似天然石油物质的植物。其中绿玉树、美国香槐和三角大戟大有前途。绿玉树是一种肉质木本植物，1千克树枝即可提取出80克石油物质。美国香槐是一种小灌木，每公顷可产油50～62.5桶。三角大戟也是一种灌木，用刀子把树皮划破，流出的液汁稍加处理即可制成类似石油的液体燃料。另外还在亚马孙热带雨林中发现了一种叫“苦配巴”的植物，在它的树干上划个小洞，两个小时就能流出一二十升像石油似的金黄色液体，可直接用来发动柴油机，6个月后又可以再次采油。现在许多国家都在引种这种“石油树”。

日本也对600多种桉树进行了研究，发现有20种桉树提炼出来的桉叶油性能与汽油相似，与汽油混合使用还可减少废气。我国海南岛有一种大乔木——油楠，其液汁与“柴油”十分相似。

近年来，科学家发现利用玉米、高粱、甘蔗的秸秆可以生产汽油、酒精，并能直接用做汽车的燃料。巴西已建起以甘蔗为原料生产酒精的工厂，用这种酒精和汽油混合用做汽车燃料，其价格比石油低廉，而且燃烧时清洁干净，可以减轻环境污染。近年来，人们发现柑橘的外果皮中可以提炼制取“橘皮汽油”，可以同高级石油比高低。更有前途的是，通过生物工程从基因方面培植和改善有希望获得能源的植物，是开发植物能源的一个广阔天地。由于现代能源危机，植物能源在未来有着重要位置。有些科学家预言，植物能源之花将会盛开在世界各个角落，给世界带来希望、光明和幸福，未来将是能源植物大放异彩的时代。

海上森林

奇妙的红树林

在浩瀚的大海上也能生长森林吗？能！它就是生长在热带、亚热带海湾河口滩涂地带的一种独特的常绿阔叶林。由于阔叶林的家族大都属于红树科，所以生态学家称其为红树林。

红树林主要分布在东南亚、大洋洲、非洲和美洲的热带沿海地区，在我国的广东、海南、广西、福建、台湾沿海海岸的泥滩或河川出口的冲积土上也长着这种特殊的森林。涨潮时，树干全部淹没，仅剩树冠在海浪中漂荡。远远望去，犹如海上绿洲；退潮时，露出泥泞的树干，屹立在海滩上，呈现出独特风格的海上森林景观。

世界上组成红树林的树种有34种，我国有28种，有红茄冬、红海榄、海桑、海漆、海榄雌等等。由于气候、纬度等原因，我国的红树林高度大都只有6～10米。世界上红树林集中分布的地区，如马来西亚、苏门答腊等地，树高可达30～40米呢！

红树林的绝招

人们都知道，海水含盐量高，又常遭受海风、潮水的冲击，一般的树种很

难在海滩上扎根生长。那么，红树林是怎样适应这种环境的呢？原来红树林有几大绝招，它的招数也是千锤百炼，长期同风浪和潮汐斗争得来的。先说根吧，它有呼吸根、支柱根和众多的气生根。呼吸根是它们在海水长期淹没时的有力武器，奇怪的是这种根与我们常见的根背道而驰，由地下向上生长。退潮时露出水面，吸收大量氧气。呼吸根的外表有粗大的皮孔，便于通气；内部有海绵通气组织，可贮存空气。这就像我们熟悉的莲藕和芦苇一样，以保证它们生长的氧气需求。支柱根粗壮，深扎在泥里，纵横交错，盘根错节。有的形成板状根，在树干基部膨大，支撑着硕大的树冠。气生根从枝干上向下垂，插入淤泥内形成拱状的支柱根，既帮助支撑树冠又可吸收空气中的氧气，它们像潜水时用的气管，用来呼吸空气。树干、支柱根和气生根组成一座立体的栅栏，使红树林在汹涌澎湃的海洋里“任凭风浪起，稳坐在海滩”。

○红树根

○海榄雌

红树叶子常绿肥厚，像涂上了一层蜡，以利反射强烈的光照。叶子背面长有短而密的茸毛，以阻止海水浸入气孔。其发达的腺体，能把多余的盐分排出体外。叶子和树皮都含有单宁酸和特殊的红色素，保护着它能在盐渍的环境中生活下去，不致腐烂。

○红树叶子

○红树林

○红树种子

红树林的奇特繁殖

胎生是红树林的又一奇特现象，也就是与哺乳动物有些相似。果实成熟之后，不像其他植物那样“瓜熟蒂落”，而是留在母树上，种子在母树的果实上发育萌芽，长成幼苗才落下。在红树的枝条上，常可看到绿色的“木棒”悬挂着，这就是它的绿色“胎儿”，长度一般在20厘米以上，下端粗大而尖锐。成熟时，一个个幼小的“胎儿”从母树上扑通扑通地往海滩上跳，笔直地插入松软的海滩淤泥里，很快就生根长成幼树。倘若落到海水中，它能随波漂流，3个月不死，遇到海滩，再迅速扎根，安然定居。

○红树种子萌芽成幼树

沿海较常发生的灾害莫过于强风浪了，而红树林各种奇形怪状、盘根错节的根系，林茂枝密沿岸而生，成为消浪护堤的先锋森林，它可减弱海浪对河口两岸土壤的冲刷，使河口航道畅通。

○红树林

红树林的掉落物是丰富的饵料，有红树林的地带栖息着不同种类的鱼虾蟹螺，同时又成为鸟类的乐园。春秋时节，南来北往的候鸟在此比翼争鸣，补充食物后再踏征途。冬天，这里便成为南下越冬鸟类的乐园。一年四季有250多种鸟类在红树林停留和栖息。

生长在陆地和海洋交界处的红树林，时隐时现于陆海之间，构成了一幅独特的自然景观，在促进生态平衡方面起着巨大作用。若搭小船穿梭于林间潮沟，可看到红树林的奇特景观以及各种螺、蟹和海鸟，令人赏心悦目。

○红树林

海底森林

海底也有森林，那就是古森林的遗迹，记载着海陆变迁的史话，反映出海陆的沧桑巨变，是一幅森林历史的画卷。目前科学家们已在世界各地海区发现了多处海底森林，有茫茫的原始森林，也有密密的灌木丛。日本在富士海和鱼律发现两处古森林。加拿大的科学家在克赛尔黑柏格岛上还发现了一片4500万年前的森林化石，这是世界上最美丽的森林化石。我国福建晋江的深泸湾就有一处世人瞩目的古森林遗迹。

深泸湾为一小海湾，两岸陡崖耸立。古森林的遗迹就埋藏在低潮区的潮间带上，这里发现了20多株古树桩。距海岸最近的古树桩仍保存着完好的树皮，与主干相连的侧枝清晰可见，有的还可分辨出年轮。这些古树桩埋葬部分的长度为20～25米，可以判定其树高可达40～50米。可以想见当年森林之壮观。这些古森林生存的地质年代，约距今7000～8000年。古树桩属裸子植物松科油杉，通常分布在海拔1000～1200米的山地，也可在海拔300～500米的丘陵地生长。可见7000年前，这里曾是一片高大、郁郁葱葱的森林，与目前缺林少树的景观完全不同。海底古森林遗迹是自然界留下的实物证据，为探索古海洋、古地理、古气候、古植物提供了丰富的资料和可靠的科学依据。

石头上的森林——喀斯特森林

非凡生命力的见证

○茂兰喀斯特森林

○茂兰喀斯特地貌

“喀斯特”原是南斯拉夫西北部伊斯特利亚半岛上石灰岩高原的名称，后来就成了描述石灰岩山地地貌的专门术语，在我国又叫“岩溶”。你也许参观过岩溶洞穴，那变化万千的洞中奇观，即是石灰岩山地地貌的杰作。这些石灰岩山地，往往山坡陡峭，岩石裸露，怪石嶙峋，土壤极少，因此，绝大部分已没有森林，人工造林也很困难。但在我国广西龙州、贵州茂兰，由于地处北热带气候区，高温多雨，为森林的生长创造了条件，所以生长着郁郁葱葱的森林，因此，又称为“石头上的森林”。广西龙州岩溶地区，森林覆盖率高达95%，虽然山峰上只有很少的土壤，但高大的乔木却密密麻麻，灌木和藤本盘根错节，神奇般穿石而下或绕石而过。树木的根深扎在山坡的裂隙之中，构成了莽莽苍苍的绿殿碧宫，森林的这种非凡的生命力令人赞叹！而且郁郁葱葱的森林与岩溶地貌汇成了一体。上有森林，下有石林，石头上长树，石缝里盘根的森林景观，与岩溶特有的明河暗流、泉水瀑布立体交叉，构成了罕见的美景奇观，为世人赞叹。更令人叫绝的是生长在危岩绝壁之上的高大常绿乔木蚬木、金丝李，材质坚硬、韧性

○喀斯特地貌

强、耐腐蚀、抗虫蛀。森林里还生长着用种子可生产出在零下40摄氏度都不凝固的润滑油添加剂的风吹楠，抗癌植物美登木及活血化瘀的血竭等等。

这边风景独好

在贵州茂兰岩溶地区你还可以看到“漏斗森林”，四周群山封闭，底部分布有漏斗状的落水洞。漏斗底部至峰顶高差150～300米。各种木本和藤本植物繁茂生长，有的抱住巨石挺拔生长，把岩石拱离地面，有的根系无缝可钻，延伸到数米之外的地方寻求一席之地，还有的附生于树干之上。除了“漏斗森林”外，还有“洼地森林”、“盆地森林”、“槽状森林”，树木密布，浓荫蔽日，涓涓溪流，忽宽忽窄，时高时低，景色特异，气象万千。

目前地球上喀斯特森林几乎被破坏殆尽，唯有我国还有保存，为世界上绝无仅有，堪称稀世之宝。我国是世界上喀斯特地貌面积最大的国家，大部分分

○石头上长树

布在我国南方亚热带地区。喀斯特地区生态系统十分脆弱，原始森林植被一旦破坏，会迅速退化为裸露的石山。碳酸盐类岩石形成土壤的速度十分缓慢，有人推算形成1厘米需要1万年以上。土壤一旦破坏，几乎不可能恢复。

与其他森林一样，喀斯特森林也是野生动物的乐园。广西喀斯特森林就有善于飞檐走壁的猴中精灵白头叶猴和黑叶猴，还有犀鸟、猕猴、熊猴、短尾猴、果子狸、巨松鼠、大灵猫、苏门羚等等，或飞舞，或奔驰，形成一幅绝妙的图画！

○贵州喀斯特地貌

荒漠森林

内蒙古科尔沁沙地，沙丘起伏，草木稀少，一派荒漠景观，有“八百里瀚海”之称。奇妙的是，平地陷下一条“人”字形的大沟。这条沟宽200～300米，深50多米，长约24千米，仿佛是一条天外飞来的绿色卧龙落在科尔沁茫茫的沙海中。沟外面，是连绵百里的沙丘，植被稀少；沟里却是茂密的森林世界，一片翠绿，所以称为“大青沟”。从高空俯视，大青沟宛若在无垠的荒漠中镶嵌的一条巨大的翡翠玉带，蔚为壮观。沟底植被繁茂，古木参天，其森林景观与长白山天然林十分相似。在这个小小的避难所里却庇护着乔木100多种，药用植物达数百种。沟底泉水汇集成溪，一年四季清水常流。春天，各种花草争奇斗艳，沟内的植物要比沟外的植物早开花半个多月；夏天走进沟内，满目翠绿，凉爽宜人；秋天，树叶姹紫嫣红；冬天，云腾雾罩。在这茂密的森林中还栖息着花鼠、水獭、狼、黄羊、山兔、山鸡等野生动物。

大青沟是我国干旱地区保存下来的唯一的一块天然森林草原地区，也是科尔沁沙地中唯一的一块残遗森林植被群落，堪称地理奇迹。多年来，国内外不少科学家来此考察，对大青沟的形成原因进行了研究。多数认为是由于长期而复杂的地质运动、地表径流和地下水潜流的交互作用，造就了大青沟的森林景观。

据考古学家研究，在长达4000年的历史时期，大青沟周围一直有不同民族生活居住。那时，绝对不是现代所见到的沙漠之地。大青沟周围原是森林草原地区，土层很薄，土层下面即是厚达几十米的粉沙。由于历代的开荒耕种，不仅破坏了森林草原，也破坏了地表土壤层，导致土地荒漠化。大青沟森林是唯一幸存的一片森林。大青沟曾是科尔沁旗王爷的狩猎场所，禁止一般牧民前往。因此，在清代没有遭到破坏，在客观上起到了保护大青沟森林的作用。这也说明了一个深刻的道理，人类只有爱护森林和保护森林，才能免遭土地荒漠化的厄运。

○胡杨林

○樟子松林

为了不让大青沟被周围的荒沙吞没，在沟的两侧已造林近万亩。希望大青沟森林永远郁郁葱葱，充满活力。

地表径流

大气降水到达地面后，除了一部分蒸发外，其余均通过地面或地下，或快或慢地汇集到河流，这种汇水过程称为径流。按径流流经的途径，通常分为地表径流（地表水）和地下径流（地下水）。

戈壁"化石森林"

新疆准噶尔盆地东边是一望无际的砾石戈壁，这里除了可以看到沙漠奇观"海市蜃楼"外，到处是一片荒凉，人称将军戈壁。相传古代有一将军率军西征，来到这里，天气炎热而又无水，忽见一片"湖泊"，便率兵前往，结果被神秘莫测的"海市蜃楼"诱入沙漠深处，以致全军被困死在这块大戈壁上。将军戈壁也由此得名。

大戈壁上有一片处于侏罗纪地层的树木化石群——硅化木化石森林。整个"化石森林"面积有5平方千米，露出地面的树木化石有1000多棵，堪称庞大的化石森林。除了大量横卧外，还有许多硅化木直立于地面。这些粗大的树木化石直径都在1.5米以上。粗大根系，盘根错节。树皮、树干、枝杈十分完整，有的像是刚被大风连根拔起，巨大的树干仍和根部连在一起。有的已断成几截，

○树木化石

○树市化石

○树市化石

有的一端还埋在地下，很像是刚刚经历了一场劫难。据树木学家鉴定，这些树木属于裸子植物，距今已经1.4亿年。

据考证，在距今1.95亿年至1.37亿年的侏罗纪时期，准噶尔曾是河流纵横，湖泊密布，蕨类植物遍布大地，也生长着银杏、松柏等高大乔木，恐龙漫游于湖水森林之间。后来由于地壳运动，大量生物被埋入地下。死亡的生物，在地层中因条件不同，形成了煤炭和石油以及各类化石。树木化石根据其化学成分不同，可划分为硅化石、钙化石和铁化石。硅化石是埋在地下的树木在空气隔绝和富含硅酸盐的地下水的长期浸泡下，发生了复杂的地球化学变化，植物体的成分被二氧化硅所替代后形成的。所以经硅化后的树木化石就叫硅化木，被钙质或铁质矿物取代的就叫钙化木或铁化木。

世界上发现的化石森林已有多处，最年轻的是在德国波恩露天煤矿发现的，距今约有1000万年。美国的亚利桑那州、英国的维多利亚、波兰的土伦、阿根廷南部等地的化石森林均已开辟为自然博物馆。将军戈壁的化石森林是世界化石森林的佼佼者。

○树市化石

化石森林是古森林的再现，这里不仅是研究古植物的基地，也为研究古地理环境、古气候变化等方面提供了材料。

城市森林

城市中的环境问题

在科学技术飞速发展的今天，世界上人口一半以上生活在城市中，造成大片的森林和农田被吞食。粉尘、有害气体、噪音等等环境污染也越来越严重，垃圾包围着城市。越来越多的市民患有气管炎、高血压等“城市病”，城市是人们便利和高效生活的场所，同时每一座城市就像一位生命的吞噬者。

城市中植物的地盘被道路、高大楼房挤占，水泥、沥青遮盖了地表，形成了“热岛效应”，于是城市里与自然气候大不相同。温度升高了，湿度下降了，人们听到的不再是鸟语，而是汽车、机器的轰鸣声。于是把森林引入城市成了人们的迫切希望。

○森林降低噪音作用

森林改善环境的作用

城市森林除具有防风固沙、调节气温、净化空气、降低噪音等一般功能外，还可以为城市居民提供优美的居住环境和旅游场所。城市里的工厂、车辆等排出的有毒气体污染空气，对人体有严重危害，使人感到恶心和难受，城市里的花草树木是活的“吸尘器”和天然的“消毒员”。它们能吸收、分解或吸附有害物质，从而提高居民的健康水平。树木可降低风速，叶片上的绒毛对空气中的粉尘进行截留，使它们不能在空气中飘荡。经过雨水冲刷之后，洁净的树叶又能恢复吸尘功能。

○森林游憩

噪音已成为城市中一种公害。树木能减少噪音吗？回答是肯定的。这是因为，粗糙的树干、茂密的树叶能够阻挡声波的传递，树叶的摆动能使通过的声波减弱并迅速消失。

城市居民在紧张的工作和生活之余非常需要在优美的环境中进行休闲娱乐。美景如画、鸟语花香的城市森林为市民消夏、娱乐、健身、休息提供了理想的场所。

城市的美容师

美化市容是城市森林的又一功能。以绿色为主五颜六色的森林植物，为城市平添生气和生机。城市森林中树木形态各异，使自然之美与建筑物规则、僵硬的线条交织在一起，可增加城市美感。如今，城市美学已开始引起人们的注意，城市森林树木中形态和色彩及树种配置的选择和应用，给城市建设带来了无限生机。

到森林里去，到大自然中去，享受那无穷的野趣和自然美是当今发达国家城市居民的最大愿望，因此，每个城市都在千方百计地提高人均绿地面积。波兰的华沙被称作世界绿都，在这座城市中很难找到一块裸露的土地。就连水泥、沥青路和广场都设置了水泥槽和盆花铁架。维也纳森林闻名于世，它是维也纳水源的保护神，市民非常爱护森林，也是森林的常客。巴黎市东南与西南各有一片森林，被称为巴黎的两片肺叶，市中心还有一条以森林为主体，由农田、牧场相联结的绿色环带。德国的大部分城市居民，在市内上班，居住在森林茂密、绿草成茵的市郊。因此，城市森林已经成为现代城市不可分割的一部分，正在对城市环境美化发挥着越来越大的作用。

古森林的足迹

古代森林的风采

远古时代的森林是什么样子呢？这是大家都想知道的秘密，科学家曾做过很多研究来揭示它的真面目。幸运的是世界上还保存着几种远古的树木，如桫椤、银杏、水杉等等，为我们了解远古森林提供了研究材料。

桫椤是地球上两亿多年前盛极一时的高大蕨类植物，也称树蕨，是与恐龙同时期的史前植物。因其茎干富含淀粉，曾是恐龙的主要食物。最早的蕨类植

○山东莒县千年古银杏

○秋天的银杏

物出现在4亿年前。那时地球陆地十分潮湿，沼泽、河流密布，首先是裸蕨植物从水里登上陆地。随着时间的推移，没花没果的草本蕨类植物后来逐渐进化成了木本蕨类植物。距今约3亿年前，地球上的生物日益繁盛，进入蕨类时代，形成了极为壮观的蕨类森林。后来，气候逐渐变暖和干燥，桫椤家族才开始走向衰落。此时松柏之类的裸子植物开始兴旺，逐渐占领了主要陆地。随后有花有果、结构和适应能力更强的被子植物开始出现并逐渐发展壮大，从此败下阵来的桫椤被迫转移到温暖湿润地区。

古代森林的幸存者

○银杏

到了100万年前，开始划时代的第四纪冰川运动。冰川像巨大的推土机，所到之处，森林全部被铲平埋葬，大量的桫椤被冰川毁灭，有的被深埋地下，变成了今天的煤层。现代的蕨

○水杉

类植物绝大部分是植株矮小的草本植物，桫椤是幸存的几种木本蕨类植物。

在贵州赤水县的赤水河畔，有一个桫椤保护区。那里山岩嶙峋，溪水清澈，古树参天，藤萝交缠，特别引人注目的是高大挺拔、茎苍枝秀、形如巨伞、状如华盖的桫椤。其叶硕大，分裂成羽状。茎高达8米，最粗直径20厘米。桫椤的繁殖仍保留着远古时代的特性，每年5月份，叶子背面长出很多小黑点，叫“孢子囊群”。其上有盖，叫“囊群盖”，里面有60～190个“孢子囊”。孢子囊中有大量孢子，每年7月孢子成熟时被弹落地面。孢子萌发后，再经过一系列过程就长成下一代幼苗——孢子体，然后再长成新的植株。

那么为什么桫椤在赤水地区会幸存下来呢？科学家的解释是：7000万年前，

○原始森林

○桫椤

赤水地区曾浸入海中，由于地壳运动，又升出海面。这时候，赤水的气候温暖潮湿，适合蕨类植物生长。后来，又经过多次地壳运动，赤水地区周围形成了许多高大的山系，抵挡了北来的寒流，形成了今天的亚热带环境。这里气候温暖，光照差，全年少雪，溪水终年不断，所以桫椤就隐居在这高山峡谷中，与其他乔木、草本植物共荣共生，得以存活到今天。

○原始森林

○桫椤

○桫椤

到热带森林里去逛逛

热带森林生长在南美的亚马孙河流域，非洲的刚果流域，亚洲的菲律宾群岛、马来半岛、越南、印度、缅甸和我国的海南岛及云南的西双版纳。这些地方终年高温多雨，没有明显的四季变化，林中湿度很大，植物为了适应环境，叶子边缘会吐出多余的水分，挂满了水珠，所以人们称热带森林为“热带雨林”。

巧夺天工

这种又湿又热的气候，适于各种各样的植物生长发育，形成了地球上最繁茂的森林景观。让我们到我国的热带雨林——西双版纳看看，走进这片绿色海洋，首先看到的是由各种植物构成的多层的结构。60～70米高的望天树占据了雨林的上层，高矮不等的乔木、灌木、草本、蕨类、苔藓、地衣可分成6层，构成了热带雨林的“多层大厦”，这是热带雨林的特色之一。阳光散落到地面的还不到1%，那些低层植物怎么办呢？真是天无绝人之路。为了适应阳光不足的环境，出现了一些“大叶植物”，以扩大叶面积的方式捕获一些光能。热带雨林中的高大乔木为什么可以傲然凌空呢？原来很多大树树干的基部生出4～6个扁平如板的大板根来支撑着林中巨人的高大身躯。有的大板根割下来可做大车轮子呢！这是热带雨林的特色之二。

○板根

各得其所

乔木树冠下是附生植物的天下，一些不能依靠土壤中养分为生的小型附生植物，依附在乔木的枝干上，依靠自己发达的根系吸收空气中的水分和乔木枝干上的腐殖质，有的树干上长着鸟窝一样的鸟巢蕨，高悬于空中，各种枝叶和艳丽的花朵形成了奇特的空中花园。这就是“树上长树，叶上长草”的热带雨林特色之三。纵横交错的藤本植物，还有那些没有主干的木质藤本植物，尽管巨大粗壮却站立不起来，但有“爬”的特长，最长的可达300多米。有的顺着大树攀缘而上，争取阳光；有的横空立马垂悬于大树之间，形成一座“天桥”，可供人或野生动物来来往往，这是热带雨林的特色之四。

林中恶魔

热带雨林里的各种植物都以不同的形式进行着生存竞争，榕树就被称作“林中恶魔”。在热带雨林中可见到一些大树被藤蔓横七竖八地捆绑着，直至把这株大树活活勒死，还要吸收被绞死的树木腐烂的根作养料，最后反宾为

主，让自己长成一株绿树成荫的大树。

热带雨林以物种丰富而著名，西双版纳堪称物种宝库，几乎每走一步都可看到不同的树种，被人们称作“粮仓、油库、药材库”。特别是一些巨木良材，是重要的热带用材树种，还有一些“绿林硬汉”，都是世界上最珍贵的木材。

世界上热带森林虽然覆盖地球陆地的7%，却拥有全球半数以上的物种。热带雨林中到底有多少物种至今还是一个未知数。热带雨林还被称作“森林上面堆积起来的森林”，生物量举世无双。然而，热带雨林生态系统又相当脆弱，因为他们大部分养分都贮存在植物体内，而不是土壤里。一旦森林被砍伐，养分随之流失，数百万种野生动物就会绝迹，而且不要期望这种高级森林还能复活。

老茎生花

热带雨林的特色之五是“老茎生花”。也就是开花结果不是在枝头上，而是在树干上。例如，市场常见的菠萝蜜就是结在树干上的，重达10多千克。幸好是长在树干上，要是结在树枝上，会把枝条压断的。为什么会“老茎生花”呢？植物学家说这是由于热带雨林树冠部位枝叶密集，通风不良，不易招来蜂蝶传粉，只有树干处有些活动空间。正是经过漫长的自然选择才形成了老茎生花的奇观。

物　种

物种：简称“种”，是生物分类的基本单位，位于属以下。

亚马孙热带森林

南美洲亚马孙河流域的热带森林，面积相当于美国国土面积，是世界上最大的热带雨林，约占世界热带雨林面积的一半，被称做是“森林的黄金国”。亚马孙热带雨林中的植物和动物有200万种之多，其中已知道名字的还不足一半，很多非常有用的植物还有待于进一步的研究。亚马孙热带雨林是一座植物宝库。科学家曾在这里发现了一种棕榈，含有一种特殊的氨基酸。其蛋白质像优质肉一样，油脂可与优质的橄榄油媲美，果汁如同人奶。还有一种叫巴巴苏的植物，能结一种类似椰子的果实，可作食用油，也可用于橡胶加工。

揭开热带森林的神秘面纱

为什么热带雨林的生物资源如此丰富呢？这是因为热带雨林有三个特殊的自然条件，即炎热的气候、强烈的日照和丰沛的雨水。热带雨林是一个非常复杂的生态系统，这里的生物相依为命，构成了一个庞大的网络生物群。热带雨林盛产多种色彩鲜艳的野果，其中黄色果实尤为许多树栖灵长类动物所偏爱。醒目的颜色会吸引多种动物、鸟类取食。于是，种子随着动物、鸟类到达新的地方，扩展了植物生存范围。有一种高大的豆科植物，甚至会施展“骗术”，其红白相间的种子，会引诱鸟儿取食。当鸟儿发现被欺骗而

丢弃时，种子已被搬运到了另外的地方。

热带雨林中大约70%的植物依靠动物传播种子。奇怪的是，有一种树栖的蚂蚁也以种子为食。它们用泥在树干的凹陷处作巢，把辛辛苦苦搬来的植物种子运到巢中，这些种子会迅速萌发，蚁穴也就摇身一变成了生机勃勃的“蚂蚁花园”。

○猕猴

动物乐园

亚马孙热带雨林也是百兽相聚、千鸟齐鸣的动物园。虽然种类很多，但个体数量却较少，在雨林中看不到成千上万只动物聚集在一起的壮观场面。这是因为热带雨林环境优越，食物充足，减少了种类间的食物竞争。由于林下阴暗潮湿，树栖攀缘动物种类占绝对优势。各种猿猴占全世界种类的1/4，并且还发现有巴掌大的袖珍猴。另外还有巨松鼠、树豪猪、树懒、小食蚁兽、树熊、雨蛙等等。全世界约有600种蜂鸟，大多数生活在亚马孙热带雨林。蜂鸟小得像只蜜蜂，它的绝技就是能向前后左右飞，还能在空中停留。

热带雨林特别适合昆虫、两栖和爬行等变温动物生存，而且体型都比寒温带种类大得多。世界上最大的蛇——森蚺，体长9米。最大的蝴蝶——南美夜蛾，体长9厘米，双翅展开27厘米。最大的甲虫——亚马孙巨天牛，体长18厘米。最大的蜘蛛——食鸟蛛，体长9厘米，它结的网能将小青蛙、小鸟网住。

在亚马孙热带雨林，地面、树干、树顶均是动植物的乐园。科学家发现，在高大、密集的树顶上，树叶错综交织成巨大的天蓬，为许多生物群落的生息、繁衍提供了优越的自然条件。这个天蓬尚有许多未解之谜，许多物种可能比地面上的物种还要多，被誉为“地球上的生物核心”。

神秘的亚马孙热带雨林自从20世纪60年代修通了纵贯亚马孙流域的公路后，这块生物宝库就任人宰割了。也许，不久的将来，亚马孙热带雨林仅仅是一个历史名词，人们看到的将是红色的不毛之地。

森林里的小人国

小人国是孩子们常听到的故事，其实他们就居住在中非刚果（金）和刚果（布）交界的热带原始森林里，迄今仍然过着与世隔绝的原始社会生活，他们就是非洲土著居民——俾格米人。他们身材矮小，成年男子身高为1.2～1.3米。俾格米人是中非大地最古老的居民之一，他们视莽莽林海为自己的母亲，以林为生，在巨树参天、藤本密布的原始森林里搭窝棚安家。男女老少，一色裸体，只在小腹部挂几片树叶或碎布遮羞。他们虽然身体矮小，但四肢匀称，不像侏儒那样畸形。因生活条件差，普遍患有寄生虫病，一个个肚子又圆又大。

俾格米人以林为生，吃的是森林里的飞禽走兽、昆虫、蜂蜜以及树上的野果和植物的根茎，喝的是林中的泉水和河水。男人们非常勇敢、犷悍、机敏，人人都是打猎能手，极善爬树，十几米高的大树转眼间就爬到了树顶，挖鸟蛋，捉幼雏如囊中取物。别看俾格米人又矮又小，在猎物面前却力大无比，有时竟能杀死猛狮和大象。他们也能用土法，生产一种麻醉剂涂在箭头上，当遇上大猎物时，乱箭齐发，猎物便应声倒下。男人们将打倒的猎物带回部落住地，平均分配，只是给酋长那份稍微丰厚一点。一家家将分到的猎物放在木架上，点起火来烧烤，这就是他们的主食。

俾格米人不仅是狩猎能手，还是编织巧匠。妇女们砍来藤条和竹子，编制成各种各样的筐篓，除了自用外，有时还出售。这是他们与其他部落接触中偶

○探访小人国

○俾格米人狩营地

尔进行的商品交换。在与疾病作斗争中，他们学会了用草药治病的本领。有病了，都是自己采集草药进行治疗。他们的住所十分简单，用树枝和树叶搭成高1米、长不过2米的窝棚，既不挡风，又不避雨，蚊虫更是自由出入。屋内一无所有，四根木棍之间铺些树皮树叶，权当床铺。一个家庭住在一起，孩子们长大结婚另立门户，10余个家庭组成一个小部落。

○前去狩猎的俾格米人

森林养育了一代又一代俾格米人，连他们死后，也要回到母亲的怀抱中。每当俾格米人死后，亲人们并不十分悲痛，因为他们是被森林母亲招走的。亲人们只是用树叶把死者裹好埋在一棵大树下面，然后大家歌舞一番，整个部落迁走，另建新的村落。

葱郁茂密的大森林，养育了一代又一代俾格米人，给他们提供了广阔的生存空间和取之不尽用之不竭的生活资料。但那里毕竟不是现代人的生活环境。当地政府也曾做过许多努力，让俾格米人的孩子上学，但过不了多久，这些孩子都辍学了。1984年法国总统密特朗的夫人到一个俾格米人居处参观。事后给了当地政府一笔钱，动员100户俾格米人迁出林海，给他们建住房，打水井，并教他们开荒种玉米、木薯等。然而不到1年时间，这些俾格米人又回到森林里去了。为什么呢？唯一的解释是俾格米人眷恋森林，他们离不开森林！

○森林

最后的伊甸园

○黑猩猩

位于非洲的恩多基原始森林是地球上最后一片尚未受到破坏的热带雨林。1992年几位科学家冒险进入了这片神秘的土地，历时15天，揭开了这片森林的帷幕，初步窥见了这片密集森林罕见的宝库。那里仍保持着12000年以前原始生态系统，也就是地球上出现人类以前的生态系统。

进入这片陌生的土地要冒着生命的危险，科学家吃尽了苦头，他们被蚂蚁包围，差一点成了这种小虫子的盘中餐。但他们终于看到了这片神秘的森林，看到了大象、水牛等大型野兽的栖息地，发现了15群大猩猩。恩多基是地球上少数几个黑猩猩与大猩猩和睦共处的热带森林之一。科学家这样描述他们与猩猩的奇遇，“当猩猩发现我们时，就止步不前。它们惊愕地张着大嘴，面对眼前的‘怪物’不知所措，并向人群投掷树枝，叫着围在周围。人群每动一次，黑猩猩就爆发一阵吼叫，对峙了两个多小时。在黑猩猩包围人群的时候，猴子伸长了脖子在高高的树枝上往下看，肥硕的野猪们也一动不动地站在旁边凑热闹，野鹿透过灌木丛张望”。对猩猩而言，人群的出现使它们感到兴奋，这是森林生活中难得的奇遇。猩猩对人穿的衣服和物品显示出好奇，显然它们没有意识到人类对于它们是多么大的威胁。否则，它们就会像其他热带森林的猩猩一样立刻逃跑，因为那里的猿猴是人类餐桌上的家常菜。

○大象

恩多基南边和东边是沼泽，北部是群山，西部是水流湍急的恩多基河。居住在河西岸的土著俾格米人虽已在这里生活了几千年，但他们从未涉足过河东岸这片300多万公顷的浩瀚的原始森林。恩多基森林可能是地球上最后的野生动物和植物伊甸园了，当人类踏进这片土地之日起，这片伊甸园也难以保住了。

冰天雪地的奇迹

——寒温带森林

最耐寒的森林

寒温带森林主要分布在俄罗斯西伯利亚、欧洲北部和加拿大，离赤道很远，离两极很近，是世界天然针叶林的主要分布区。这里的气候极端寒冷而干燥，土壤中常形成永不解冻的地带——永冻层。寒温带森林约占世界森林总面积的1/3，主要树种是耐寒的松、柏科树种。著名的西伯利亚森林的面积仅次于亚马孙流域，是世界上很重要的天然遗产。科学家认为，它对抑制由二氧化碳引起的全球变暖起着重要作用。

我国的大兴安岭呼中地区，年均气温-6℃，曾出现过-53℃的极端低温，一年有7个月冰天雪地。即便是在气温最高的7月份，也只有上层土壤融化。春夏期间虽然很短，而日照时间很长，最长日照时间可达17小时。同时降水充足，具有顽强生命力的植物会抓住时机，完成生长使命。这里也有常绿乔木——樟子松，但主要树种是落叶松。落叶松的叶子每年脱落，通过落叶度过寒冬。生长在永冻层的落叶松，胸径只有几十厘米，而树龄却超过了200年，人称“老头林”。千百年来与高寒气候“生命搏斗”的各种植物，组成了大兴安岭的原始森林。生长在冻土上的森林是顽强的，也是脆弱的，经不起人类的刀斧进攻，一旦被破坏，将变成不毛之地。在这片严寒地区，以林为家的貂熊、驼鹿、马鹿、棕熊、水獭等珍贵动物都有分布。

○兴安落叶林

“醉林”现象是这片多年冻土地带特有的寒冷生态景观。“醉林”就是森林像喝醉了酒一样东倒西歪。这是因为每当暖季到来，天然降水由于受到冻土的阻隔不能下渗，在冻结层上面就积聚了大量水分。这些冻结层上的水到了寒季，就在地表内冻结成冰，并因体积膨胀而形成凸起，生长在地表的树木便随着地面的凸起而东倒西歪。到了暖季，凸起融化坍塌，地表上的树木又再次东倒西歪。可见“醉林”现象是大兴安岭严寒气候、多年冻土形成的。这种现象虽然会使树木拉断、撕断造成损失。但是，表层冻土的融化，又可给森林补充水分，对森林的覆盖起到了“保温层”的作用，维护了多年冻土的遗存，冻土又以贮存水的形式支撑了森林的生长。它们之间还有着“互利共存”的关系呢！

○貂熊

○白桦林

白桦林与鄂温克人

住在大兴安岭密林中的鄂温克人，把白桦树看做是他们不可分割的朋友，“桦树汁”是鄂温克人招待远方来客最高的礼仪。他们把桦树皮当做盖房的“瓦”，覆盖在尖顶帐篷的外面。存放衣物的筐篓、孩子的摇篮、针线盒、防雨用的“伞形帽”、狩猎用的“鹿哨”和“刀鞘”，以及脚下穿的“轻便鞋”，都是用桦树皮精制而成的。鄂温克人打猎、捕鱼用的“桦皮船”宽约1米，长约3米多，用松木作架，外部用桦树皮裹成，一个人即可扛走，可在大江中行驶，也可在狭窄的河道穿行，十分轻便。冬季鄂温克人脚蹬桦木滑雪板，风驰电掣般追猎野兽。

鄂温克人把桦树作为神圣纯洁的“神木”，婚礼要在白桦林中举行，人死了也要装在桦树皮棺里。人去世后，用桦树皮一层层包裹捆实，然后送往大森林中的大树桩上悬空陈列。这种“装在桦树棺里树葬”也是“大森林之子”灵魂的归宿。

长白山绿色大世界

○黄花菜

中国与朝鲜接壤处，有一条绵延1000千米的山脉，这就是早已闻名的长白山，是我国东北又一独具特色的大森林。长白山林区地形复杂，山高林密，树木种类繁多，由下至上层次分明地分布着四个垂直森林景观带，浓缩了从温带到寒带各种主要植被类型的生物景象。在海拔600米的河谷地区到海拔1100米的山坡平缓地分布着红松针阔混交林，这是一个混居的大家族。红松是这片森林的最重要的成员。阔叶树种有享有盛名的东北三大硬阔——水曲柳、核桃楸和黄波罗，以及多种槭树、榆树、桦树、天女木兰等，林下生长着多种耐阴的灌木。潮湿深厚的土壤为许多草本植物提供了安乐窝，花色鲜艳的百合，可食的黄花菜，还有贵重的人参，都是长白山特产。海拔1800米的地方，喜暖的阔叶树由于忍受不了这里的寒冷，大部分已消失，取而代之的是以云杉和冷杉树种构成的寒温带针叶林。林下阴暗潮湿的地面生长有10厘米厚的苔藓层，宛如绿色地毯。在林下还可以看到一种形态特异的附生植物——松萝。它是一种地衣，附生在针叶林的枝干上，常从树枝上悬垂而下，犹如空中飞舞的绿色飘带。海拔2100米的地带，山势愈加陡峭，雨量多，湿度大，风力强。只有一种小乔木岳桦林占据优势。为了适应风吹雪压的环境，形成了丛生矮曲林。它们具有特殊的旗形树冠，远远望去，好似一群顶风冒雪奋力向上的战士，构成了岳桦林的独特景观，令人肃然起敬。与岳桦林相伴的还有五颜六色的草花，与灰白色树干的岳桦，构成了和谐而别致的高山植被独特的画面。

○高山矮曲林——岳桦林

○长白山阔叶林

海拔2100米以上的长白山林区，气温降低，降水增多，每年约有半年以上的积雪期，几乎全年都处于大风日。这种常年低温、潮湿、多雨、多云、多雾、多风的气候，与极地有几分相似，因而出现了高山冻原带。这里生长的植物十分低矮，有高山越橘、松毛翠、岩高兰等等。每年7月份是这里的黄金季节，各色各样的花朵争芳斗艳，为长白山穿上了美丽的花裙。

山高林密的长白山林区，又是野生动物的理想栖息地，这里生活着300多种野生动物，其中兽类50多种，鸟类200多种。长白山以东北“三宝”——人参、貂皮、鹿茸而名扬中外。

“地下森林”和树化石是长白山的一大奇观。长白山的地下森林也称谷底林海，实际上是火山口森林。谷底长3000米，高度50～60米，边缘如削。谷底古树参天，茂密葱茏，幽深莫测。林中常有梅花鹿穿梭其间，其景如童话仙境。树化石林在崖壁上，是100万年前形成的。

长白山是松花江、鸭绿江、图们江的发源地，松辽平原、松嫩平原和三江平原广大农区稳产高产都依赖长白山森林的庇护。

长白山是休眠火山，山顶原是一个火山口，现已成为举世闻名的天池，是我国第一高山湖。天池有16座山峰环绕，峰间云雾缥缈，湖水澄碧如镜，四季各有奇观。长白山典型的森林垂直分布景观、丰富的动植物资源，构成了一幅美丽壮观的北国风光。

○天池

走进原始红松林

如果你走进我国东北的原始红松林，一定会被它特有的瑰丽壮观、古朴苍松所打动。在热带和亚热带，森林多是由种类繁多的树木组成，使你眼花缭乱。而在温带的小兴安岭林区尽管也有种类繁多的树木，但红松占优势，是森林的主人。红松是生命力很强的古老树种，曾经经过千万年的变迁，红松依然独占鳌头。至今在小兴安岭的丰林仍保留着一块原始红松林，并建立了自然保护区。走进这块未经人为干扰的原始红松林，你会立刻有拥抱大自然的冲动。这里，苍松翠柏，古树参天，郁郁葱葱，松鼠忙忙碌碌地采摘松子，鸟儿在树梢放声歌唱。空气里迷漫着醉人的清香，使人心旷神怡。森林的雄伟与

○红松

壮丽在这里展现得淋漓尽致。

这里的原始红松林是生物进化中形成的植被类型，包藏着珍贵而丰富的生物基因，不仅是世界上天然红松林的分布中心，也是采集红松种子的基地。林业工作者每年都从这里采集红松种子培育后代。

红松可以说全身是宝。红松外形雄伟，刚劲挺拔，是建筑良材；茂密的针叶，可以提炼松针油，是高级化妆品的原料；树脂可提炼松香、松节油；花粉可入药；红松种子富含油脂，香甜可口，是孩子们最爱吃的松子。

一株红松长成大树，要历经漫长艰难的历程。每年6月，在红松林内要下一场“黄雨”，这“黄雨”就是千万株红松的花粉。遇上雨天，雨点便携带着黄色花粉降落下去，地面一片黄色，大大小小的水塘、小溪，也变成了黄色，这就是红松林内特有的“黄雨”奇观。当黄色的花粉遇到树冠上的雌花，二者结合就形成了种子。“黄雨”的出现，预告第二年红松种子将要大丰收。红松的种子要经过一年零三个月的时间才能成熟。从种子发芽到长成一米多高的幼树，需要很长时间。一株幼树长到能结果实的年龄需要80年的漫长岁月。直到200年时，才是它的壮年期。它的最长寿命可达到500年。

○红松球果

○红松仁

○松鼠

如果让红松种子自己落下地发芽则需要6～8年，幸好林内有许多吃红松种子的动物，像松鼠、松鸦等。它们是红松种子发芽的功臣，它们将红松种子搬运、埋藏，使种子及时从球果中脱离出来，生根发芽。动物与森林的这种依存关系是原始红松林生物链不可缺少的一环。

走进红松林，你还可以看到很多名贵药材，如刺五加、五味子、天麻、猴头、蘑菇、榛子等林特产品。得天独厚的自然资源和生态环境，为这里的野生动物提供和保留了一方乐土。

原始红松林四季如画。初春，溪水潺潺，成双成对的鸳鸯在小溪中戏水；盛夏，山花烂漫，百鸟鸣翠；深秋，五花山色，机灵的松鼠忙碌着准备越冬的食物。隆冬，银装素裹，飞禽走兽在林间穿梭。这是多么美妙和谐的世界呀！

○猴头

最后的净土
——西藏原始森林

○喜马拉雅山

西藏是青藏高原的主体，素有“世界屋脊”之称。万里高原，森林资源十分丰富，不少地方至今仍保留着较完好的原始地貌，是我国最大的天然林区之一。西藏森林主要由高大挺拔的云杉、冷杉组成。它们以其雄伟、苍绿的身姿，傲然屹立于西藏东南浩瀚的原始林海之中，人们称它们是世界屋脊上的“绿色巨人”。

世界上最高的大河——雅鲁藏布江，奔腾直泻至下游时，迎面遇到了喜马拉雅山的阻挡，被迫折流北上，造就了世界上最深、最长，也是最高、最险的大峡谷——雅鲁藏布江下游大拐弯峡谷（西藏大峡谷）。峡谷以其奇伟险峻、多姿多彩的自然景观和丰富的自然资源，动人心魄，吸引着科学家去探险。在水平距离只有40千米、垂直高度5千米左右的范围内，可以看到类似于我国海南岛到北极的全部自然景观。在大峡谷的墨脱地区，有着8个世界上最完整的山地垂直生态系统带谱。那峡谷斜面，就如凌空抖落的一幅彩色画卷，使人赞叹大自然的鬼斧神工，创造了如此神奇的天下奇景。大峡谷特殊的地理位置将热带到北极的各种植被类型都巧妙地依次排列在这块宝地上。因此，从南方到北方的多种野生动物代表也都能在这里找到栖身繁衍之地。

○西藏大峡谷

这里是典型的高山峡谷地带，如此悬殊的落差形成了不同的气候带和与此相应的植被垂直带。从海拔600米左右上至雪线，称得上“一山分四季，十里不同天”。在海拔1100以下的谷地，一派热带风光，长满了多种亚热带，甚至热带才能看到的常绿阔叶林。林中芭蕉、藤蔓缠绕，老茎生花，还不时窜出长尾猴、赤鹿等动物，被誉为高原上的西双版纳。在海拔1100～2400米处渐渐被

○西藏巨柏

半常绿阔叶林取代，那里栖息着豹猫和苏门羚等野生动物及多种鸟类。2400～3800米是大峡谷最高大雄伟的森林——亚高山常绿针叶林。它们由耐寒的冷杉、铁杉组成，树高40～60米，直插云霄，几人合抱的大树比比皆是，而且这里还是大峡谷最大的野生动物羚羊的越冬地。3800米以上，森林渐渐稀落，到了4000米森林完全消失，逐渐成了高山灌木丛的天下。每年春天鲜花盛开，似一幅五彩缤纷的图画。从高山草甸向上，越过生长着稀疏植物的冰缘地带就是永久冰雪带了。

○菌类

由于大峡谷地势险要，所以至今满山满坡都是郁郁葱葱的原始森林，大峡谷是“天然的动植物博物馆”、生物物种的基因库。西藏的大森林不仅是我国木材的宝贵财富，而且拥有地球上最高的山体，是我国主要水系和亚洲一些河流的发源地。除了不畏艰险的科学家进入大峡谷考察外，至今仍是一座藏在深山人未知的神秘之地。

植物垂直地带性

从山麓到山顶，随着海拔升高，温度逐渐下降。平均海拔每升高100米，温度下降0.5～1.0℃。而温度、风力、光照强度、水分、土壤等也随海拔的升高依次发生变化。这样也使植物随海拔升高依次成带状分布，这种现象叫植物分布的垂直地带性或叫垂直带谱。

多彩世界——神农架林区

○神农架景观

湖北省西部——长江三峡北岸有一处山川秀丽、森林茂密的地方，它就是举世闻名的神农架。相传，炎黄神农氏为了采药给老百姓治病，曾在此山搭架攀岩，遍尝百草，后人为了纪念他的功德，便将这千里山林封为神农架。

神农架地处北亚热带与暖温带气候过渡区，因此，成为东南西北动植物的荟萃地。神农架主峰3105米，有中华屋脊之称，从河谷到山顶植物垂直分布地带性明显，分布着亚热带、暖温带、温带和寒温带多种类型森林植物。走进神农架，犹如进入了一个多彩的森林世界。在海拔1600米以下的低山地带，主要生长着常绿和落叶阔叶林。山崖上随处可见玉带一般的飞瀑。那布满鲜花的林间草地，仿佛是一块五彩缤纷的华丽地毯，到处是蜂飞蝶舞，四五月间在白云深处的原始森林中，偶尔会有一群群白鸽歇满枝头，不过那不是鸽子，而是一片正值花期的我国特有的珍稀树种——珙桐。

○鸽子树

鸽子树

珙桐花有一个紫红色的头状花序，一对白色的大苞片，在微风中，似白鸽展翅，像群鸽起舞，观者无不惊叹大自然创造力的神奇。欧美人士给它起名为“中国鸽子树”。也许小朋友会想把它引种到城市作行道树多美呀！是的，这也是园林工作者的愿望。只是珙桐早已适应了神农架深山老林中洁净、潮湿的气候，很难在干燥、污染的城市安家。海拔1600～2600米是神农架原始森林腹地，针叶林、落叶阔叶林各种树木共聚一堂，林下各色杜鹃花争奇斗艳。

金丝猴的故乡

在海拔2600米以上，主要是寒温带常绿针叶林，这里是巴山冷杉的集中分布区。林涛作响，绿浪滚滚，非常壮观。林下灌木以箭竹和杜鹃占优势，其中镶嵌着美丽的天然盆景——香柏。它们匍匐于险峻的山岩上，不畏严寒，逆风傲雪。其中最大的一株，覆盖面积达50多平方米，树龄已达千余年。郁郁葱葱的冷杉原始森林中，那一阵阵尖厉的“呷呷、呷呷”的叫声，令人毛骨悚然——那是我国特有的金丝猴群中最机警的哨猴在向它们的同伴报警。霎时间森林沸腾了，随着阵阵惊恐不安的呼叫声，满树攀爬的、跳窜的、飞跃的都是金丝猴。此情此景怎不令人感叹！除了金丝猴以外，还有黑熊、野猪、豹子、羚羊等大型动物。在水流湍急的峡谷山涧水潭里，每遇夏日暴雨来临，气候闷热时发出一种近似婴儿的哭声，这就是娃娃鱼。走进密林，随时会被起飞的野鸡吓一跳，那就是红腹锦鸡和白冠长尾雉。森林是鸟的天堂，那千姿百态，五颜六色，各种伶俐可爱的鸟儿，会唱出百灵朝凤般的美妙歌儿。听着不绝于耳的鸟语，你会陶醉在大自然奇妙的世界里。

○娃娃鱼

○红腹锦鸡

○白冠长尾雉

○金丝猴

神农架是人类共有的一块绿色宝地，至今尚有许多难解之谜。如动物的白化现象，白熊、白獐、白鹿、白蛇，吸引着科学家去探索。

奇松怪石武陵源

武陵源突起于湖南省西部，这里建立了我国第一个国家森林公园张家界，并被联合国教科文组织列入世界自然遗产名录。

这里是艺术的世界、童话的世界、神秘莫测的世界。它把气势磅礴的嶂林云海，野性天然的峡谷洞天，秀逸的湖光倩影，神秘的地下宫殿，飞流直下的银屏瀑布与罕见的珍奇树木融为一体。然而，树是武陵源秀色之本。当你踏进这幽静的山谷，一股凉爽的空气沁人心脾，顿时觉得红尘荡尽，疲劳无踪。行走之间，突然峰回路转，真有“山重水复疑无路，柳暗花明又一村”之感。抬头望去，岩石上的青松，还有那峭壁上火红的杜鹃花以及栎类、蕨类等各种植物，是如何攀登上去的呢？又如何能在这个险峻的空间生长安家呢？这是因为这里多雨、潮湿，岩缝可以蓄水，给它们的生长创造了条件。鸟儿、松鼠或风

○嶂林云海

○云烟缭绕

○一柱擎天

帮助传播种子和花粉。而更主要的是这些植物本身具有耐旱、耐瘠薄的顽强生命力，它们把根扎进岩石深处，敢于迎击风雪等自然力的挑战。有的松树倒挂在悬崖绝壁上,组成了一幅巨大的青松挂壁图画。

○杜鹃花

山无树不秀，水无树不幽。山滋养了森林，森林使山川秀丽。武陵源得天独厚的自然环境，使得各种树木花草争相繁衍。亚热带、暖温带甚至热带植物并茂一林，乔木、灌木、藤本、草本植物共繁共荣。具有板根的热带树种毛红椿和在寒冷的北方林区分布的香桦，在这里“欢聚一堂”。经第四纪冰川运动而幸存下来的珙桐，在这里并不是“凤毛麟角”，“千楸、万梓、八百年杉，抵不上红榧一枝丫”是人们对红豆杉的赞扬。楸，是指滇楸。其木材耐腐可达千年。长沙马王堆汉墓的棺木就是用滇楸做的。梓，指檫木，其耐腐蚀力比滇楸还强，但不如红榧。红榧是造船、水下工程无与伦比的巨木良材。素有木材中贵族之称的楠木，有遇火难烧、经水不朽的特性。这里楠木种类繁多，有盛物不腐，香味扑鼻的香楠，还有白楠、紫楠、宜昌楠等。白豆杉、红豆杉、穗花杉都是列入国家重点保护的珍贵树种。森林是天然的药材宝库，武陵源药用植物有1000多种。另外还有猕猴、飞狐、石蛙等野生动物。

○青松

○红豆杉

武陵源以其独特的石英砂岩峰林和岩溶两种地貌融为一体，构成了罕见的自然风光。如此规模巨大的奇异峰群和珍稀植物，在世界上罕见。

○石蛙

○石英砂岩峰林

林中巨无霸

生长在美国加利福尼亚的北美红杉，最高者达110米，号称“世界爷”，然而它却比不上生长在加拿大不列颠哥伦比亚林恩谷中的一株道格拉斯黄杉。据《吉尼斯世界纪录大全》记载，它高126.49米。道格拉斯黄杉不仅树干高大挺拔，而且木材坚实耐用。目前公认的地球上最大的树，是生长在美国加利福尼亚被称为“谢尔曼将军树”的巨杉。据估计这株“树木之王”在地球上已生活了3500多年，这株树的重量约有2800吨，抵得上450多头最大的陆生动物——非洲象。它的木材足够建五间一套的住房40套。如果用这些木材做成木箱，能装下当今世界上最大的远洋货轮。每年这棵巨杉都会吸引世界各国好奇的游客前往参观。为了让参观者体验一下这棵巨杉的身材有多大，美国人特地在树干基部开了一个隧道，汽车可以畅通无阻地通过。

我国的西藏林芝有株巨大的古柏，胸围14米，高50米，在国内屈指可数。台湾有两株巨大的红桧，被称作“神木”，高58米，胸围在18米以上。

○美国红杉公园

树木的寿命，更是地球上其他生物望尘莫及的。最长寿的动物乌龟不过活300年左右，而树木逾千岁者不算稀奇。非洲有一种木棉树可活6000年。我国陕西黄陵的“轩辕柏”，相传为黄帝所植，距今已有4000多年。山东莒县的古银杏，寿命也在3000年以上。

那么，树木为什么能长成巨大的身躯又如此长寿呢？据科学家分析，主要原因是树木各部分间分工协作精密。树木由树根、树干和树冠三部分组成。树根将树牢牢固定在土壤中并吸收土壤中的养分和水分，树冠是制造养料的工厂，树干支撑着自身和树冠的重量，树皮将树冠制造的食物运到树木的各部。树木的各部分分工协作，非常有序。

动物长到一定年龄，身体就停止生长。而树木有三个生长区，根尖、茎尖和形成层，形成层为树木独有。到了生长季节，形成层向内形成木质部，就是我们所用的木材。向外形成韧皮部，即是我们所见的树皮。年复一年地生长，

○千年老榕树

○独树成林——榕树

○榕树根

○银杏

树木便长成超过其他生物的巨大身躯。

俗话说“独木不成林”，但在孟加拉国的杰索尔地，有一株榕树就构成了一片独木林。这棵巨榕已有900多岁，树高40米，有600多根树干支撑着巨大的树冠，树荫下可容纳六七千人乘凉呢！我国的新会县也有一株300年的巨大榕树。这棵巨大的榕树占地0.7公顷，树身周围有许多粗细不等的树干纵横交错，共同支撑着巨大的树冠，林子里居住着各种各样的鸟儿，被大作家巴金描写为“鸟的天堂”。

榕树生长在高温多雨的热带和亚热带地区，它的树干长了许多不定根。悬挂在空中的，叫气生根。气生根越长越粗，形成一根根很粗的树干。一棵大榕树的气生根，少则百条，多则千条，这样就形成了由一棵树组成的树林。

天然林与人工林

什么是天然林

天然林是从未经人类干预自己生长起来的森林。它是经过千百年来自生自灭发展起来的，优者胜、劣者汰是大自然选择的结果。天然林有着旺盛的生命力和生产力，不需要施肥，并能长期维持营养元素的循环使用。天然林中的各种生物之间通过食物链而相互依存、互相制约。虽然天然林中有各种害虫和病菌存在，但很少成灾。天然林都是由多树种组成的，具有层次多，结构复杂，稳定性强的特点。

什么是人工林

人工林是人类按照自己的意愿栽植或播种形成的森林，多数都是一个树种组成的纯林，具有单层、同龄、稳定性差的特点，不适宜多种生物生存，害虫缺少天敌约束，所以病虫害可以轻而易举泛滥成灾。

生物学家估计，当今世界上每天都有100～300个物种在无可挽回地灭绝。物种灭绝的主要原因是由于天然林，特别是热带原始森林被砍伐、毁灭所致。现在天然林越来越少，取而代之的是人工林，但是目前的人工林是无论如何也造不出天然林中极其丰富的生物资源的。

当代经济发达的西欧国家，耗竭了本国的天然林资源，导致生物多样性锐减，陷入物种大量绝灭的困境之中。多数国家野生的大型兽类几乎荡然无存，物种贫乏到连兔子都列入保护对象。

○樟子松人工林

○天然林

○人工林

什么是水源涵养林

生长在江河源头的天然林，称之为水源涵养林。从桂林至阳朔的旅游黄金水道，水清可见底，这全靠猫儿山上的森林涵养水源。然而当大量砍伐森林并种上了经济效益较高而水源涵养能力差的杉木人工林后，致使漓江枯水期的水量减少了2/3以上，全程有六七个月不能通航。再如我国东北林区的大、小兴安岭和长白山

○天然林

○水源涵养林

是松花江、嫩江、辽河的发源地，也是我国最大的木材工业基地。目前由于天然林的集中采伐，导致自然灾害频繁。我国的热带雨林仅存于云南西双版纳和海南岛。如今这两处森林正在遭受破坏，已导致水源短缺，气候开始向干热化转变。目前全世界的天然林中，只有20%是比较完整的。我国的天然林除西藏部分由于交通不便而大体保存完好外，在东北、西北和西南三大林区都很难见到原始森林了。

“绿色沙漠”又是怎么回事

科学家认为人工林是一种“绿色沙漠”，林下生物多样性贫乏，外表看似覆盖较好的森林，但进入林中你就会看到什么叫“绿色沙漠”。人工林树种构成单一，年龄和高矮接近，林下基本没有灌木层和地表植被，生物多样性差，因而涵养水源的能力很差，土壤营养不良，森林病虫害严重。

人工林造成的弊端，使人们不得不向大自然求救，那就是“近自然林业”。也就是以原始森林作为样板，大力发展主要乡土树种，使森林接近原生态的自发生产，在人工辅助下使天然植被得以复苏。保住最后的大森林，保住大森林中失而复得的物种资源，保住大森林无法替代的多种功能和多种效益，已是人们迫在眉睫的大事。

○油松人工林

森林与古代文明的兴衰

显赫一时的古埃及

○金字塔

公元前2000年到1400年，埃及文明显赫一时。当时这里气候温和，非洲最大的尼罗河，依托上游大森林的保护，浩浩荡荡川流不息。古埃及人在这里建立了家园，精耕细作，兴修水利，成为埃及的粮仓。而且手工业也高度发达，是当时世界上经济最发达的地区。以金字塔为代表的古埃及文明就是在这块富饶的土地上诞生的。但是由于尼罗河流域的森林逐渐被破坏，埃及600多年的繁盛文明，却换来了3000多年的荒凉和贫困。现在埃及基本上是一个无森林的国家，全国95%的土地变成了大沙漠。

○巴比伦古城

巴比伦王国的消失

今天的伊拉克，是底格里斯河与幼发拉底河流经的一片平原，希腊人称为“美索不达米亚”，意思为“两河之地”，也是人类历史上的古文明发祥之地。河流的上游有大面积原始森林，河水从森林中流出，哺育着这里的人们。这就是神话中伊甸园所描述的情景。居住在这块沃土上的苏美尔人，在距今6000多年以前发明了犁、轮车、陶器，创造了人类最早的文字和书籍。正是两河流

○巴比伦花园

域林木繁茂的绿色沃野，孕育了举世闻名的美索不达米亚的古文明。后来，由于人口激增，人们为了获得木材和燃料、扩大耕地以及建造宫殿，开始砍伐森林。森林被砍光，草地被破坏，摧毁了涵养水源和防风固沙的绿色屏障，土地开始裸露，水土流失逐渐严重，河道阻塞，风沙滚滚，最后成为不毛之地。狂风沙丘淹没了村庄，美丽的花园、宫殿、街道成了沙漠地下的废墟，高度繁荣的巴比伦王国终于在公元前2世纪消失。如今只能通过考古发掘出来的实物想象当年的兴旺发达了。

印度古国的沦落

○印度泰姬陵

印度是世界四大文明古国之一，早在公元前3000年就在印度河流域繁荣起来了，但经过6000年来日益增长的人口消耗，森林被砍光，草原被开垦，土地荒漠化，塔尔平原变成了大沙漠，森林、草地被彻底破坏，如今印度已是一个多水旱灾害的国家。仅1978年就有5万个村庄被淹没，成千人丧失生命。

黄土高原的教训

再来看看我们的黄土高原，如今是沟壑纵横，满目荒凉，它就是孕育中华民族古代文明的摇篮吗？亘卧在祖国北部辽阔大地上的滚滚黄河，是中华民族文明的象征。公元前3000多年，黄河流域林木茂密，森林覆盖率达60%～70%，当时的黄河流域及比邻的黄土高原，气候温和，土壤肥沃，林茂粮丰，在长达3000年的时间里都是我国政治、经济和文化的中心。目前可以见到的多种文物珍品、古迹、精巧的古建筑以及文化古籍，充分显示了我国古代的辉煌成就。历史已经证明，今日之干旱贫瘠，主要是由于一代又一代的炎黄子孙在这里开荒、伐木的结果。而且历代统治者也在不断砍伐森林建造宫殿，使众多青山变成荒山，失去了绿色生机。到了近代又多次进行乱砍滥伐，使43万平方千米的土地变成了不毛之地。水土大量流失，泥沙流入黄河，河床淤积抬升。如今黄河已成为一条悬河，河床最高处已高出地面十多米，一旦决口，后果不堪设想，已成为中华民族的心腹之患。

○兵马俑

埃及、巴比伦、印度和我国四大文明古国，都是蹈着过度砍伐森林为代价繁荣，随之导致国力衰竭的覆辙走过来的。然而人类至今还未从教训中清醒，伴随着绿色的消失，也总是伴随着一次次惩罚。因此，善待森林，就是善待人类自己。

○黄土高原

森林的现代悲剧

森林的消失

○砍伐后的林地

○土地盐碱使植被枯死

我们的祖先从刀耕火种开始，与森林和谐相处的日子便宣告结束。人类出现之前，地球上2/3的陆地被森林所覆盖。在1863年以前，平均每年破坏森林21万公顷。1863～1963年的100年间，平均每年破坏森林1700万公顷，速度提高了81倍。1963～1978年的15年间，平均每年破坏森林4700万公顷，破坏速度提高224倍。英国工业的原料、燃料和建筑材料绝大多数是木材，为此毁灭了英国95%的森林。法国、西班牙、比利时、意大利、希腊、德国等国家毁灭了80%～90%的森林。捷克和斯洛伐克在不到100年的时间内，森林覆盖率从90%下降到30%。为此，大批农民丧失了土地而成为廉价劳动力。发达国家砍完本国森林后再去砍伐其他国家的森林，于是就出现了殖民地扩张政策。

○黑风暴过后的美国农场

美国的黑风暴

美国建国200多年，其东北部和中部的近1.3亿公顷的原始森林被砍光，天然植被遭到严重破坏，终于导致了一场灾难，即震惊中外的“黑风暴”事件。那是在1934年5月份，咆哮的狂风刮了三天三夜，卷走了3亿多吨肥沃的地表土，造成粮食大幅度减产。裹挟着大量黑土的西风形成了东西长2400千米，南北宽1440千米，高约3千米的“黑龙”，遮天蔽日，一片灰暗，许多人因呼吸了充满尘土的空气而生病。1960年，苏联也发生了同样的悲剧，黑风暴席卷俄罗斯平原，被吹到天空的沙土约10亿吨。

○甘肃金昌黑风暴

○沙尘暴中的北京城

○沙尘暴

大自然的报复

人类对森林的开发利用，往往缺乏远见，只着眼于眼前利益而招来大自然的残酷报复。1967年有位美国资本家——丹尼尔日路德维络，用300万美元买下了亚马孙雅里地区的一片热带雨林，并以10亿美元在那里投资兴建木材加工厂、造纸厂和农场。雇用了庞大的拓荒队，砍伐了25万公顷森林，重新栽种用来造纸的石梓和桉树。但时隔不久，暴雨就冲垮了公路，大量蚂蚁和白蚁毁坏了林地和田园，许多人患上了疟疾和脑炎。最后不得不宣布破产，离开了亚马孙。

震惊世界的黑风暴使美国人担心大平原会变成沙漠，接受了教训的美国人经过几十年的治理，土地恢复了肥力，今天大平原仍是美国人的粮仓。是什么措施使遭受土壤侵蚀严重的大平原恢复生机的呢？原来黑风暴以后，美国政府采取了多种措施，首先是营造了防护林带，实施了世界四大造林工程之一的“罗斯福生态工程”，以减少风灾危害。其次是实行农田休闲制，避免大片农田裸露。再次限制牲畜规模，禁止过度放牧。这些成功经验使人们认识到生态恶化是可以通过治理，恢复生态环境良性循环的。

○亚马孙森林

树倒猢狲散

○东北虎

地球上种类繁多的野生动物，绝大多数生存在森林中，由于人类对森林的破坏，野生动物已经或正在遭受“灭种之灾”。据科学家估计，世界上已有406种哺乳动物，593种鸟类，209种爬行动物处于灭绝的边缘和正在受到威胁。更为严重的是，许多动物人类还没有搞清名字就已经灭绝了。那些低等动物的命运更加悲惨，已无法计算灭绝的数目。现今世界上的野象有两种，生活在非洲的非洲象10多年来已减少了一半。几内亚湾的大象，40多年前还有10多万头，现在只有1500头了。我国云南南部是亚洲象分布的最北缘，数量极少，现在已经很难看到了。

20世纪50年代初期，在我国海南岛热带森林中，还有2000多只长臂猿。这种树栖的灵长类动物，借助它的长臂和轻巧的身躯，来去如飞，猎人想捉它是非常不容易的。但自从它的家园——森林遭到破坏后，它便无家可归，树倒猢

○象群

猕散，现在已踪迹难觅。

老虎在中华民族的心目中是威严的象征，小说、传说、绘画中不乏虎的形象。进入20世纪80年代以后，在虎的故乡已听不到“森林之王”的吼声了。1987年曾对我国东北虎栖息地做过航空调查，竟没有发现一只虎的踪影。原产我国的华南虎，也只有为数不多的几只了。或许在不久的将来，我们只有在动物园中才能看到虎了。

据世界自然基金会报告，21世纪前半叶，盘羊、黑冠长臂猿、亚洲象、华南虎、东北虎、野骆驼等珍贵动物将在中国国土上消失。

让野生动物活下去，援救世界上的野生动物，最有效的途径是保护好它们的家园——森林。

○遭砍伐后的森林

○盘羊

○长臂猿

○野骆驼

森林"艾滋病"——酸雨

酸雨的危害

○被酸雨危害的西瓜

近几十年来，科学家发现，有些地方的雨水正在变酸。1994年1月7日，重庆还下了一场罕见的"黑雨"。雨水黑如墨汁，经测定雨水含有大量的黑色粉尘，而且雨水像醋一样酸。这不是大自然跟人类开的玩笑，这是大自然向人类发出的警告，肆意污染环境的后果必将是人类自食恶果。

酸雨被称为"空中杀手"，当雨带着酸从天而降时，所有的生物，包括农作物、森林等都难以躲过灾难。酸雨更是树木生病的罪魁祸首，酸雨可灼烧叶片，使树叶变黄、脱落，丧失制造养料的能力。酸雨落到土壤中，破坏土壤中的营养物质，最后导致树木营养不良而枯死。

这种病症于1980年首先在联邦德国发现，随后迅速席卷欧洲大陆，森林大片罹病、死亡，现在已有一半的森林受害。法国有5000公顷森林死亡，北美洲近几年也出现了酸雨区。我国西南部也遭受到酸雨危害，导致四川奉节山区6000公顷

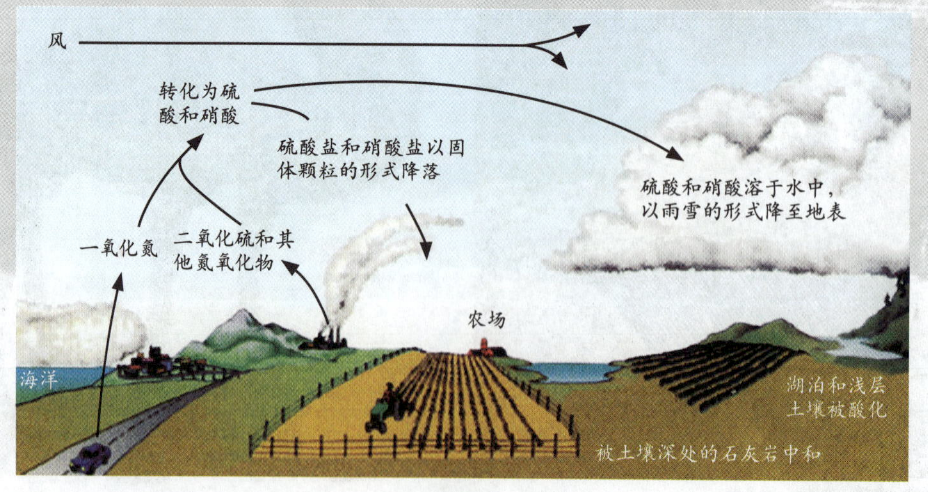

松林全部死亡。佛教名山峨眉山金顶上的冷杉在酸雨的频频光顾下已死亡近一半。更有甚者，1991年6月一场大雨过后，广西梧州林场的松树几天内全部由绿变棕红并枯萎。

酸雨对暴露在空气中的金属、石料、水泥涂料、木材以及各种雕像、电线、铁轨、桥梁等材料的腐蚀也是十分惊人的。酸雨中的大量有毒金属元素可通过饮水或食物链对人体造成危害。

○酸雨造成森林衰退

为什么会有酸雨

这是因为石油、煤炭等燃料燃烧，放出二氧化硫等有害废气，排放到大气中，与雨水结合就形成了酸雨的缘故。许多人认为排入高空的浓烟会随风飘散得无影无踪，错了，它们会很快又降落到地球上。

人类在降服酸雨的斗争中，曾想出了很多办法。比如，往地里洒石灰以中和酸性物质、培养耐酸的植物品种等等，但最重要的是要解决造成酸雨的根源。

“渔夫和魔鬼”的故事讲的是有一个渔夫从大海中打捞上来一个很沉的瓶子。他打开瓶盖，一股黑烟冒了出来，黑烟变成了魔鬼。聪明的渔夫说：“你这么大的身体怎么能待在这个小瓶子里，你再钻进去我看看。”于是魔鬼又化作黑烟钻进了瓶子里。渔夫马上盖紧瓶盖，把瓶子扔进了大海。

控制污染的排放量就等于把制造酸雨的物质装进“渔夫和魔鬼”故事中的瓶子里。采用低硫燃料或者把矿物中的硫除去以后再使用，就可以减少空气污染。减少汽车尾气，节约能源，开发新能源——生物能源、太阳能、水力能源、风力能源都可以减少对大气的污染。

○大气污染

火的功与过

火，历来被视为森林的大敌，1987年大兴安岭的特大森林火灾，烧毁近70万公顷的森林，5万多人失去了家园，损失惨重。然而森林中的火并非地地道道的魔鬼，它也能给森林和人类带来益处。其实，自从地球上出现森林以来，火与森林就结下了不解之缘。也许正是一场大火之后的烤肉香才使得我们的祖先改变了食谱，使人类进化产生了新的飞跃。美国科

○大兴安岭火灾

学家经过多年研究发现，火实际上已成为森林生态系统中的一部分。不过这都是自然火，而90%的火灾是人为的。

○枯枝落叶

长期无火的林地，会积累厚厚的枯枝落叶，它们封闭了土壤，使种子无法萌发，火有助于这些种子接触土壤。在火的作用下，林中的物种对火有各种各样的适应方式。加拿大有一种常绿针叶树，它的球果可以保持十几年不开裂。一场大火过后，高温促使球果开裂，才使这种树发芽生长。有的树冠高高拔起，远离地面，以躲开地面火的烈焰。森林火多发地区，有许多种灌木，在干旱季节全部落叶，以减少引火烧身之祸。有的植物练就了耐火本领，银杏经火烧后残存的部分仍能发出枝叶。北美红杉和越橘的地上部分被大火烧毁后，会从地下再长出新芽。还有的植物进化为需要火烧的特性，金合欢、漆树种子的皮特硬，藏于土中休眠，直到发生大火后才苏醒萌发。

火能控制病虫害和鼠害。有许多虫卵寄生在草丛、枯落物中，适当的火可烧死虫卵。落叶松的早期落叶病菌就寄生在落叶中，只有将落叶烧掉才能控制这种病。森林中的鼠类喜欢生活在地上的杂物中，火烧杂物可大大降低鼠害。

如何利用火为人类造福

随着科学技术的发展，森林火的利与害将会掌握在人类自己手中，我们可以把森林火灾这个罪恶的敌人变成亲密的朋友。如何化敌为友呢？那就是“以火制火”。森林中的枯枝落叶层会越积越厚，甚至将植物都遮盖起来了，在极其干燥的情况下，极易燃起熊熊大火。这种产生极高温度的烈火能燃尽一切，动植物也不能幸免于难，甚至焚烧泥土，寸草不生。防止这种烈火最好的方法是“以火制火”，也就是当森林中的枯枝落叶积累到一定厚度时，有意地引燃这些可燃物。枯枝落叶用火烧除，就可减少森林火灾的发生。但是，火本身具有危险性，使用不当容易跑火成灾。用火要科学选择适宜的时期，在一定范围内，有计划、有组织地用火烧掉这些引火物，就可避免森林大火引发灾害。

适当的火烧对树木生长有促进作用。枯枝落叶燃烧后，迅速分解，有利于提高土壤肥力。美国黄石公园中的珍贵动物大角鹿，专门以山杨幼苗为食，但在人为保护下，长期不发生火灾，山杨逐渐长成大树，而幼苗大量减少，虽然保护了山杨林，可断绝了大角鹿的食物。因此，不得不用人工火或天然火将山杨大树烧掉，使山杨幼苗兴旺起来，从而保护了大角鹿。采用有目的的人工制造火烧代替森林火灾，变害为利，使火成为人类的朋友，是目前人类尚未完全掌握、尚需研究的新课题。

○以火制火

枯枝落叶这么多！
很容易引起火灾的！

我们把它焚
烧掉吧！

以火制火！
杜绝火灾！

让树木重返田间

林粮间作的好处

○泡桐与农作物间作

我国从北向南，可以看到各具特色的林粮间作大田。在华北北部，人们利用枣树抗旱耐涝的特点，枣粮间作已有几十万亩。黄淮流域选择根深、叶疏、成材早的优良泡桐与作物为邻，这种树不与作物争肥、争光，还能保护作物免遭灾害威胁。在南方水网密布的地区，用池杉与稻或麦间作。池杉树冠小、耐水，根系深，两者搭配，各得其所。在水稻产区，稻飞虱是危害水稻的主要害虫，自从间作了池杉后，稻飞虱的天敌稻田蜘蛛就在池杉后树上安家，稻飞虱就很难兴风作浪了。同时，很多益鸟也在树上安营扎寨。帮助消灭害虫，减少了农药的使用量。这种林粮双丰收的生态措施，在各地迅速开展起来，如海南岛的橡胶与茶树、东北的松树与人参、湖北的杉

○枣粮间作

木与桔梗之类等。

什么叫木本农业

为了最终解决地球大环境的生态问题，一场回归生物圈的革命——木本农业也将兴起。木本农业就是用种树代替草本的粮油生产。木本植物是多年生树木，寿命长，根系发达，旱灾对其影响小，不但能减轻土壤流失，而且可以免耕。林木是“铁秆庄稼”，旱涝保收，而且可以减轻风害危害，保持空气湿度，为农作物生长提供良好条件。同时还可以吸收有毒气体，挡风降尘，是农作物生长的良好伴侣。世界各地已经种植的木本粮食有西谷椰子、枣椰、木薯、板栗等。从长远来看，木本农业是未来农业的发展方向。在热带地区的新几内亚分布着一种西米椰子树。这种树的枝条内含有丰富的淀粉，是当地人制作面包的良好原料，他们称这种食物为西米。太平洋的塔希提岛上，人们用面包树的果实作干粮，这种果实呈圆球状，果肉黄白色，成熟时软如面包。地中海的科西嘉岛上，人们常用栗子制作面包。看来提供粮食的还大有“树”在。

也许有人会问能种木本稻、木本豆、木本棉这些我们传统的作物吗？这一天已经为时不远了。科学家们正在积极探索，寻求大自然基因库中的木本粮油和纤维植物，开展木本农业基因工程，把草本粮油的优秀基因转移到树木中，创造出人类需要的新物种，以取代或部分取代草本粮油作物，实现回归大自然的一天终将到来。

○大扁杏

大自然瑰宝——自然保护区

○江苏大丰麋鹿自然保护区

为什么要建立自然保护区

为了给后代留下一些大自然的原始地貌，我国政府正在千方百计地保护和改善一批自然生态环境，建立自然保护区。自然保护区就是将自然资源保护起来的场所，它是个活的自然博物馆和资源库。建立自然保护区的目的是将现有大自然的遗产保护起来，防止人类对自然资源的进一步破坏，为当代人和后代人的可持续发展创造最适宜的生活、工作和生产条件。

○四川卧龙自然保护区

○黑龙江扎龙自然保护区

人类利用植物和动物的历史表明，即使是最无用的物种，也有可能突然地、不可预测地变成有用的、甚至是不可替代的物种。建立自然保护区可维持一些天然本色，保持大量树种存在，保持物种及生物链之间的生态平衡，使珍贵物种不致绝迹。但我们所要达到的生态平衡并不是那种史前状态的生态平衡，而是与当今人类社会相适应的生态平衡。我们并不是想返回几百万年前的原始自然状态，重温穴居野人的生活，而是要同大自然建立一种互不损害的、和谐的新关系。保护生物资源对于每一位地球居民都是生死攸关的大事。为了拯救我们这颗亟待修补的小小行星，人类正处于从大自然的破坏者到保护者的角色转变中。

○四川王朗自然保护区

我国自然保护区现状

我国地域辽阔，山川壮丽，自然条件复杂多样。气温由南到北递降，湿度由西向东渐增。寒温带、温带、暖温带、亚热带和热带五个不同的热量带和干旱、半干旱、湿润、半湿润四种不同的地区，产生了千姿百态的生物类型和生物物种。到2004年底，我国已建立了各种类型的自然保护区2194个，占我国陆地面积的14.8%，其中有1757个是森林生态系统自然保护区，这些保护区将是21世纪人们了解大自然的课堂。这些森林保护区，不仅是人类衣食住行及医药的宝库，更是绿色生命的基因库。物种的消失对人类是无法补救的损失，建立自然保护区正是为人类同自然如何协调发展提供了一个科学的方法，一个合理利用的方式，一个走向解开自然之谜的途径。

未来的世界是美好的。21世纪是青少年的世纪，更需要你们去了解大自然，保护人类生存的地球。地球是银河系中一个小小的成员，是太空荒漠中已知的唯一繁华的绿洲。科学家已证明，至少在以地球为中心的40万亿千米范围内没有第二个人间，也没有适合人类居住的第二颗行星。当森林消失、物种灭绝、环境污染、地球崩溃之后，人类是很难指望移居到另一个星球上的。愿我们这个唯一的、美丽而充满生机的地球生命之树长青！

○内蒙古白音敖包自然保护区

○广西猫儿山自然保护区

○红树林自然保护区

现代生物技术

诺亚方舟的故事

《圣经·旧约》中有这样一个故事：人类的始祖因偷吃禁果被逐出天堂伊甸园，后来始祖的儿子该隐又因妒忌诛戮了自己的弟弟亚伯，从此揭开了人类历史上互相残杀的序幕。上帝耶和华见此情景不禁为之震怒，决心把这个堕落的人间世界毁于一旦。当时，耶和华认为，唯有诺亚是个重情义的人，决心让他免于灾祸。于是，上帝便对诺亚说："这个世界已经完全违背了我当初造物

的本意，因此，我要将这个罪恶的世界一举毁灭。你要造一只方舟，等方舟造好了，你的全家老小和这些飞禽走兽统统登船后，这个世界就将下起大雨。到那时江河湖海一起暴涨，除了方舟上的生灵幸免于难外，世界万物统统遭到洪水带来的灭顶之灾。”这个故事会给我们一些什么警示呢？

○组织营养室

当今人类在机器隆隆声中制造了供人类享乐的众多商品，也在不知不觉中破坏着人类的居住环境。烟囱冒着滚滚浓烟，工厂肆无忌惮地倾倒有毒垃圾，汽车张着血盆大口排出化学烟雾。人类几个世纪以来肆意妄为地砍伐森林，过量开发地下水资源，使地球上其他动植物生存面临极大威胁。

○组织培养苗

生物学家说，目前地球上物种灭绝的速度至少大于史前的1000倍，许多植物物种的消失就像夜空中的流星那样转瞬即逝。人类与动植物唇亡齿寒的依存关系尤为重要。

什么是生物技术

目前，人类面临着能源、资源、农业、人口和环境五大危机，生物技术的崛起，为解决这些危机提供了方法和途径。那么什么是生物技术呢？它就像《西游记》中的各路神仙，能把从前听起来纯属“天方夜谭”的故事变成现实。

植树造林使用试管苗，这是一种用植物组织培养的方法培育出的苗木，是从试管里培养出来的，所以叫试管苗。试管里怎么长出小树苗呢？科学家揭示了其中的奥秘。原来植物身上的每一个细胞，在一定条件下能够培养成和母体一模一样的新植株。植物细胞的这种特性，称之为植物细胞的“全能性”，

现代的生物技术使这些植物细胞的“全能性”发扬光大，只要一个芽就可生产100万株小植株。将林木的一部分器官或组织，如，胚、叶片、茎尖、子叶、顶芽等，甚至细胞、花粉在无菌的环境中进行培养，就能获得所要的苗木。植物组织培养有很多好处。例如，遭到火灾和人为破坏的森林资源，迅速恢复它的原貌需要大量的优质苗木。特别是优良母树遭到破坏，难以采到足够的种子育苗，即使能采到种子，也会因良莠不齐，品质不一，难以保证造林的良种化。对于那些难以发芽出苗的树种，利用植物组织培养技术，可以使树木高效快速繁殖。同时，由于组织培养作为一种无性繁殖的方式能较好地保持母体的特性，所以采用优良的材料进行组织培养快速繁殖，将大大提高森林的质量。而且，这种方法不受季节限制，可以风雨无阻地在室内生产苗木。

既然一个细胞就能长成一棵植株，能不能用两个不同种类的植物细胞进行杂交来获得新种呢？20世纪70年代初美国科学家卡尔首先使不同种类的烟草细胞进行杂交获得成功。这种技术被称为细胞杂交技术，它属于生物工程之一的细胞工程。另外还有基因工程、酶工程和发酵工程，统称现代生物四

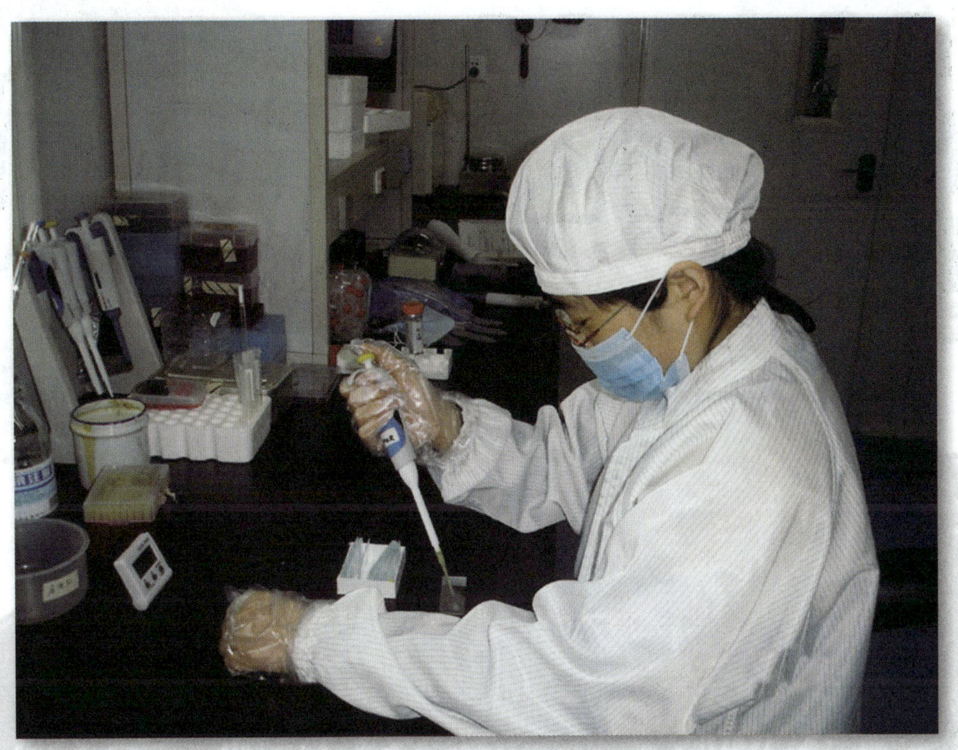

大工程。

今天，科学家们正在用生物技术这杆画笔描述一个离我们并非遥远的森林前景，人类正在把梦想逐渐变为现实。现在，已有200多种树木用这种方法获得了苗木，尚有大量的树木需要进行进一步研究。

生物技术

20世纪末科学家们创建了以重组DNA（脱氧核糖核酸，即生物遗传大分子）技术为代表的，一系列利用生物体的特性和功能来设计、构建具有预期性状的动植物新品种和新品系的技术。

神奇的“魔杖”——基因工程

基因和基因工程

人们都知道种瓜得瓜，种豆得豆，这种从上一代传到下一代的现象叫遗传性。科学研究已证明，动植物的遗传性是由神奇的“基因”来决定的。基因工程就是用生物技术方法，将人们所需要的基因从一个生物体转移到另一个生物体中，使基因重新组合以培育新的品种。基因工程的兴起，就像划破夜空的闪电，迅速地引起了各国科学家的极大重视，成为当今世界最有希望的科学。它以神奇的力量威慑着几千年来远缘物种之间不能自由杂交的传统观念，大大加快了生物进化的过程。通过基因工程，我们有可能在很短时间内创造出新的品种，为解决农林业和人类面临的重大难题开辟新途径，真是太美妙了！基因工程犹如一根神奇的魔杖，按照人类的理想和需要使梦想成真。

基因工程的用途

树木得病招虫，是十分令人烦恼的事情，打药不但污染环境，而且有了抗药性的病虫使你束手无策。科学家发现苏云金杆菌中有一种杀虫毒素——蛋白，将这种蛋白的

○转基因杨树苗

基因组装到树木上，就可得到抗虫新品种。又如我们都知道的杨树，分布很广，它的幼苗期生长受到杂草的威胁。如果采用化学除草剂，杂草会同杨树同归于尽。于是，科学家设计了一个抗除草剂的杨树，选用土壤中的一种沙门氏细菌，这种细菌含有抗除草剂的基因，它能解除除草剂的武装。科学家把这种基因导入杨树细胞中去，培养出一种抗除草剂的杨树新品种。同样，把具有固氮菌的基因通过基因工程导入林木，或者将某些只和豆科植物“相亲相爱”的特性加以改变，让这些固氮基因也选择树木为伴，这样树木就有了固氮能力，可使树木获得更多营养而生长加快。

利用基因工程技术改造植物和培育新品种已不再是海市蜃楼了。基因工程的鬼斧神工，在我们面前打开了一个可能从未想象过的神话般世界。

生物技术的超级明星
——人工种子

大家都知道自然界农作物，播下的是种子，收获的是比播种更多的种子。可是，您听说过“人工种子”吗？如今“人工种子”像一场旋风波及世界上许多国家，令人倾倒。那么“人工种子”究竟是什么呢？

○沙棘果实

我们知道，自然界中天然种子从授粉发育成种子，再由种子长成小苗，最后长成一棵大树需要几年甚至几十年、上百年。而用组织培养方法培育出的“芽”，即是人工种子，也可以播种到苗圃地中，与天然种子一样萌发，长成小苗、大树。天然种子繁殖时间长，而且含有多种类型，步调不整齐；人工种子都选自同一优良“材料”，繁殖快，步调一致。

○双层充气薄膜温室

人工种子由三部分组成：由组织培养得来的类似于天然种子的“胚”，具有保护性外壳的人工种皮以及供胚发育营养的人工胚乳。外形上就像一颗乳白色半透明的鱼卵或圆球状的鱼肝油丸。人工种子可以按照人类的需要向人工胚乳中加入各种不同的物质，如加入抗毒素、农药，以防治病虫害；加入除草剂可除杂草；添加生长调节剂可控制幼苗生长和开花等，这样就可以使人工种子比天然种子具备更多的优越性。人工种子便于储藏和运输，可以用同一样式的播种机进行播种。据预测，到2050年，露天育苗将由大型温室所取代，采用计算机控制温度、湿度、光照强度和二氧化碳浓度，使苗木在最理想的环境下生长发育。工作人员只需将计算机硬件、软件和温室传感器联结起来，就可以实现对温室的自动控制。

○人工种子

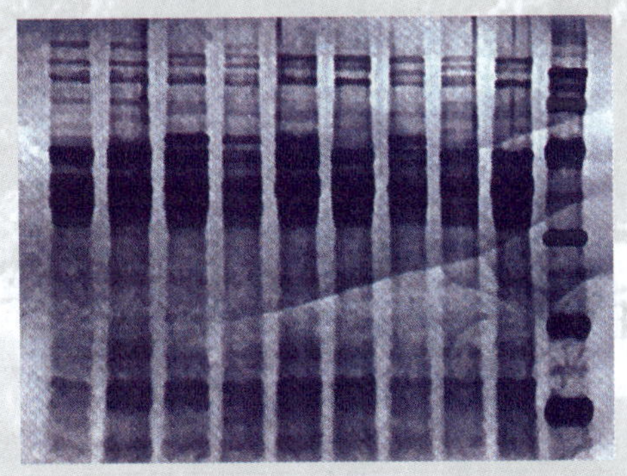

○种子品质测定

无性系林业大放光芒

很多植物怀有“分身术”的绝技，只需用它身体上的一部分组织就可进行繁殖，如扦插、压条、嫁接及组织培养等，即能形成新的植株，这种繁殖方法叫无性繁殖。现在流行的一个新词“克隆”即是英文单词“Clone”的音译，也就是无性繁殖的意思。诗句“无心插柳柳成荫”中的“插柳”就是无性繁殖的一种方法。

○高枝嫁接

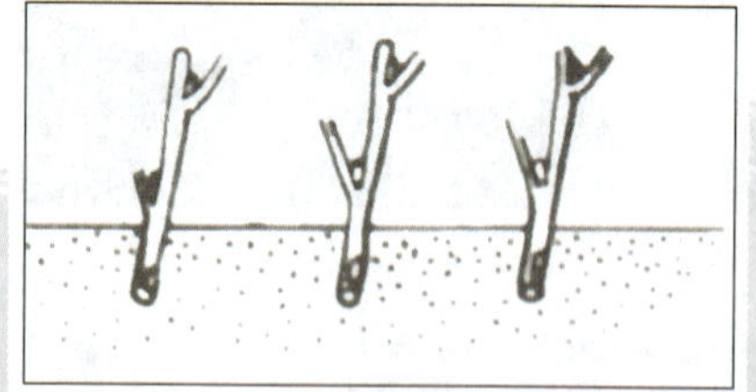
○硬枝扦插

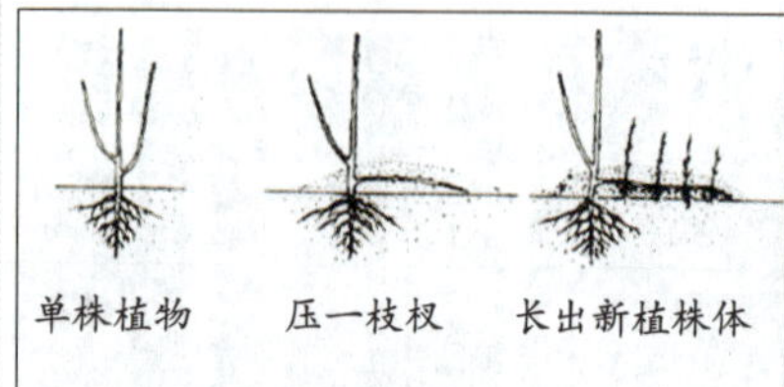

○水平压条

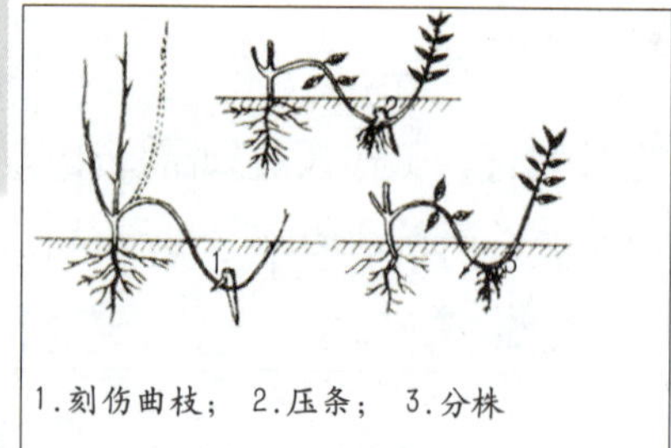

○普通压条

那么，什么是无性系呢？就是由同一株树上借无性繁殖方法得到的树木群体的总称。无性系林业就是采用选择的无性系繁育的苗木，进行人工造林。它有什么优点呢？

第一，它能把母株的优良特性全部保存下来，并能提高产量。用种子繁育的苗

○嫁接苗

○嫁接苗

木，由于是自由授粉的后代，会出现很大差异。有的可能成为“鹤立鸡群”的优树，有的则弯腰驼背成了“小老头”树。第二，可按人类需要造林，如城市绿化可选择树形优美的无性系苗木，想多产纸浆可选择长纤维的无性系苗木等等。第三，无性系育苗不必等待树木开花结果，可以从树木幼年期就选拔“好苗子”来进行无性系育苗。也可人工组装基因等新技术，开辟树木无性繁育的新领域。

无性系林业在植树造林中具有广阔的前途。德国和欧洲中部的主要造林树种欧洲云杉，开花结果需20年以上，即使结了果实，优良种子也不多。怎么解决“燃眉之急”呢？只有用无性繁殖才能加速造林良种化速度，他们选择“超级苗”进行无性繁殖，很快得到了大量苗木。巴西1907年首次从澳大利亚引进桉树，一直进行采种育苗，不能满足人工造林需要。后来开展了无性系育苗造林，培育出了生长速度快、材质优良的桉树，使“森林王国”巴西出现了意想不到的奇迹。巴西栽植的桉树每天就能生长2厘米，不到3年树高可达20米，使巴西在很短的时间内，就由一个纸浆输入国变为输出国。

○扦插苗

给森林安上“千里眼”、

森林是浩瀚的绿色海洋，分布、长势在不断变化之中，而且森林火灾和病虫害也在不断地侵扰着它。人们怎么才能迅速知道森林里的变化呢？如今随着科学技术的发展，人们给森林安上了“千里眼”和“顺风耳”，那就是先进的航天遥感技术。林业工作者可以通过遥感图像，卫星照片，很快就能知道森林里各种各样的变化，而且能绘制出森林图像。

遥感的意思是遥远的感知，现在已广泛用于森林的火灾预测预报、森林资源清查、森林病虫害预测预报及沙尘暴情况等方面。巡视在地球上空920千米的人造卫星，每18天遥测整个地球一遍，可以提供整个地球表面的遥感图像和卫星照片，可以监测森林的变化，使我们及时掌握全国森林面积的增减。卫星图

○北京遥感图像

“顺风耳”

像还能准确知道森林火灾情况、火势走向、火的强度及蔓延程度。控制火灾可采用人工降雨、化学灭火等等，森林火灾给人类造成的巨大灾难，将会大大减少。

遥感图像还能有效地监测森林的长势和健康状况。利用植物反射红外光能力强弱可反映出树木的健康情况。一旦森林遭到病虫灾害和其他自然灾害，森林反射光的能力将会很快出现变化。美国利用计算机图像分析，可准确分辨出树种以及森林火灾等等。

在茫茫无际的大森林里迷失方向，是一件非常危险的事情，先进的科学技术为森林迷路者带来了福音。只需要一台并不复杂的卫星定位仪就可以为你进行准确定位，从而使迷路者脱离险境。

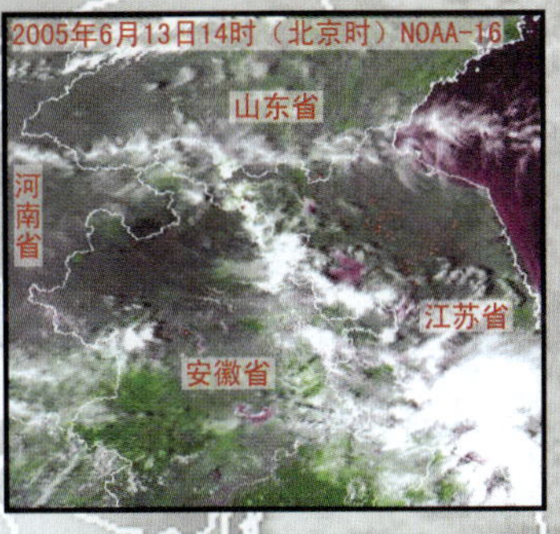

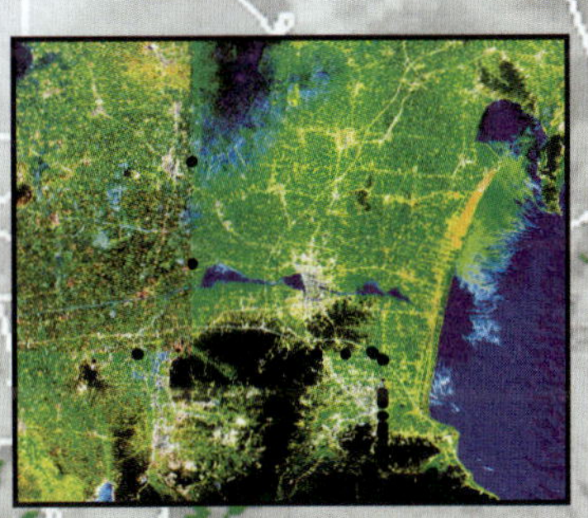

○卫星图片

牛西红柿的故事

1983年3月31日英国《新科学家》杂志发了一则“牛西红柿”的科学奇闻，顿时在世界范围内引起了巨大反响。文章说的是一个科学家做了一个实验，利用细胞融合技术把牛的细胞与西红柿细胞融合在一起，创造了一种新的生命——牛西红柿。遗憾的是，后来发现这个实验是伪造的，是颇具幽默感的英国人赶在“愚人节”（每年4月1日）之前给科学界开的玩笑。然而，玩笑归玩笑，这种大胆的科学设想也反映出科学家的超前意识。

○核桃

不管怎样，科学家已走进改造生命的大门。21世纪的世界，虽然还不能说是一个人类随心所欲的天地，但也将成为驾驭自身命运的自由王国。

超级树木不是幻想

植物学家可通过生物技术培育身材魁梧、个体粗壮的树木新种。这种树木速生丰产，可以满足人类对木材的需求。以色列已在温室内培养出每个重4.4磅（1.99千克）的柠檬。大果核桃、板栗、红枣等超级果品也在不断涌现。

树木自己施肥不是梦

我们知道包围地球的大气层，主要由氧气、二氧化碳和近80%的氮气等气

体组成。然而，大自然中只有少数微生物具有直接利用氮的本领，而特别需要氮的树木只能“望天兴叹”，只好通过使用氮肥来满足生长需求。化肥不能被植物全部吸收，随之污染地下水，进而危及动植物乃至人类的健康。假如把这些能固氮的微生物“嫁接”到树木上去，岂不是两全其美。如果这种生物固氮技术成功，就会开创生态林业的先河。

沙漠变绿洲即将实现

土地荒漠化被称为地球皮肤病，这是十分令人痛心的事情。但是，沙漠中仍有生命。准噶尔盆地沙漠中，气温高达五六十摄氏度，三芒草依然繁茂。欧洲夹竹桃在撒哈拉沙漠红花朵朵。仙人掌和柽柳是沙漠中的常驻“居民”。这些植物的抗旱本领，除了结构上适应外，可能与体内细胞里的一些基因活动有关。如果能在它们体内找到抗旱基因，可以设想沙漠变绿洲、盐碱地变成良田不再是梦想。

○雪松

省电的发光树

艺术型树木将引进城市作绿化、美化树种。加拿大著名生物学家伏尔斯已育成了一批方形的雪松树木新种，不但独出心裁，而且实用价值较高。美国科学家正在研究一种夜间能发光的树，用行道树代替路灯将会变成现实。

生物防治的新途径

基因工程中一个特别有用武之地的方面是生物防治。如植物病毒是由一些昆虫传播的。科学家设想，如果将这些病毒基因经过一些“伪装”，使之产生一种可能杀死昆虫的毒素，从而可以砍断昆虫这个充当传播病毒媒介的罪恶魔爪。

植物快速生长成为可能

快速生长型植物，也是科学家研究的目标。澳大利亚科学家用组织培养技术生产的荔枝12个月即可结果，而一般荔枝7年才能结果。日本设想通过基因工程改变植物的光合作用，使植物生长或结果量增长10倍。未来是美好的，也是多彩的，只要有勇气探索，人类的共同愿望一定会实现。

○荔枝

后 记

人类与创造了天地万物的地球相比微不足道。人类是大自然的产物，是大自然的孩子，人类的衣食住行、发明创造，无不来源于大自然。大自然包罗万象，给我们提供了丰富的物质资源；大自然不知疲倦地运动，给我们提供了多种能源；大自然奇妙的构建，给我们提供了睿智和创新的空间；大自然的美，给我们的艺术创作提供了无限的灵感……我们真的要感谢大自然。

荣获诺贝尔奖的科学家们多数人在青少年时期都有过与大自然亲密接触的经历，许多人就是在这经历中产生了探索大自然奥秘的向往，并由此走上了科学研究的道路。希望读者朋友向他们学习，从小喜爱大自然，走进大自然，为将来进一步打开自然奥秘之门做好准备。

这套丛书奉献给读者朋友的只是大自然奥秘的一小部分，希望读者朋友看完这套书以后对大自然产生浓厚的兴趣，萌生想要更深入地了解大自然、更密切地亲近大自然、与大自然友好相处的美丽愿望。

凡·高说得好，如果一个人真的爱上自然，他就能到处发现美的东西。但愿读者朋友已经沉浸于自然之美！

丛书在编写过程中得到了众多专家和朋友的帮助，他们提供了大量资料和精美的写真照片，个别图片作者姓名和地址不详，无法取得联系，在此也一并表示诚挚的谢意，恳请这些图片作者尽快与我们联系，以便作出妥善处理。

《奇妙的大自然丛书》编写组

2011年9月

图书在版编目(CIP)数据

奇妙的森林/张清华，郭浩著．—北京：科学普及出版社，2011.9
（奇妙的大自然丛书）
ISBN 978-7-110-07564-7

Ⅰ.①奇…　Ⅱ.①张…　②郭…　Ⅲ.①森林-少儿读物　Ⅳ.①S7-49

中国版本图书馆CIP数据核字(2011)第176984号

出 版 人　苏　青
策划编辑　徐扬科
责任编辑　谭建新
责任校对　王勤杰
责任印制　李春利
封面设计　耕者设计工作室
版式设计　部落艺族
图片制作　宋海东工作室

出版发行　科学普及出版社
地　　址　北京市海淀区中关村南大街16号
邮　　编　100081
发行电话　010-62173865
传　　真　010-62179148
投稿电话　010-62176522
网　　址　http://www.cspbooks.com.cn

开　　本　787毫米×1092毫米　1/16
字　　数　150千字
印　　张　9
印　　数　1—5000册
版　　次　2012年1月第1版
印　　次　2012年1月第1次印刷
印　　刷　北京凯鑫彩色印刷有限公司

书　　号　ISBN 978-7-110-07564-7/S·476
定　　价　25.00元